河南省林木种质资源普查技术手册

谭运德　申洁梅　高福玲　主编

黄河水利出版社
·郑州·

图书在版编目(CIP)数据

河南省林木种质资源普查技术手册/谭运德,申洁梅,高福玲主编. —郑州:黄河水利出版社,2017.6

ISBN 978-7-5509-1584-8

Ⅰ.①河… Ⅱ.①谭…②申…③高… Ⅲ.①林木-种质资源-普查-河南-手册 Ⅳ.①S722-62

中国版本图书馆 CIP 数据核字(2016)第 276334 号

组稿编辑:崔潇菡　电话:0371-66023343　E-mail:cuixiaohan815@163.com

出 版 社:黄河水利出版社

地址:河南省郑州市顺河路黄委会综合楼 14 层　邮政编码:450003

发行单位:黄河水利出版社

发行部电话:0371-66026940、66020550、66028024、66022620(传真)

E-mail:hhslcbs@126.com

承印单位:河南瑞之光印刷股份有限公司

开本:787 mm×1 092 mm　1/16

印张:10.75

字数:248 千字　印数:1—3 000

版次:2017 年 6 月第 1 版　印次:2017 年 6 月第 1 次印刷

定价:35.00 元

《河南省林木种质资源普查技术手册》
编 委 会

主　　任　李　军
副 主 任　谭运德
委　　员　李华堂　杨智勇　张松山　刘占朝　郑晓敏
　　　　　申洁梅　高福玲

主　　编　谭运德　申洁梅　高福玲
副 主 编　刘占朝　郑晓敏　崔向清　闫凤国
编写人员　（按姓氏笔画排序）
　　　　　丁朝阳　卫发兴　马永亮　马姝红　王　丽
　　　　　王运钢　王法海　尹　华　冯晓三　邢　辉
　　　　　曲现婷　刘中山　刘银萍　闫立新　李　冰
　　　　　李红卫　李玲鸽　杨彦利　杨振宇　杨继红
　　　　　吴宝然　何立新　何福现　宋言生　陈志宽
　　　　　陈素贞　邵明丽　邵毅贞　罗　颖　周红勇
　　　　　郑红建　赵庆涛　胡新权　袁志良　郭　磊
　　　　　彭志强　穆　笋
顾　　问　叶永忠　苏金乐
审　　稿　苏金乐

前 言

林木种质资源是林木遗传多样性的载体，是良种选育和遗传改良的物质基础，是维持生态安全和林业可持续发展的基础性、战略性资源。开展全省林木种质资源普查是摸清资源本底、全面系统掌握河南省林木种质资源状况的根本途径，是开展林木种质资源管理、保护、监测评价和利用的重要前提，是关系到林业生态和林业产业建设可持续发展的一项重要基础工程。摸清全省林木种质资源的种类、重点树种的遗传多样性及变异状况，获得树种遗传变异和多样性分布的重要基础数据，并在此基础上制订遗传改良和种质资源保存利用策略，可为林木遗传育种和珍稀林木资源保存利用创造良好条件，为维护国家生态安全和经济社会可持续发展奠定坚实基础，为建设生态林业和民生林业做出重要贡献。因此，做好全省林木种质资源普查工作具有重要的现实意义和深远的历史意义。

根据《河南省林业厅关于开展全省林木种质资源普查工作的通知》（豫林种〔2016〕171 号）和《河南省林木种质资源普查工作方案》（豫林种发〔2016〕20 号）的统一安排和部署，河南省从 2016 年开始启动全省林木种质资源普查工作。为了在普查工作中做到统一实施方案、统一技术规程、统一调查表格、统一验收标准，为各市、县（市、区）和有关高等院校开展林木种质资源普查提供依据，确保到 2020 年底之前全面完成全省林木种质资源普查的外业调查和内业整理任务，河南省林木种质资源普查工作领导小组办公室组织编写了《河南省林木种质资源普查技术手册》一书。

本书内容包括河南省林木种质资源普查实施细则、林木种质资源普查技术规程（DB41/T 1489—2017）、河南省林木种质资源普查名录（河南省木本植物名录，主要栽培林木品种名录，优良林分、优良单株选择主要树种名录）等章节。本书可作为全省各地林木种质资源普查前期技术培训和普查工作的指导性工具书，也可作为林木良种选育、种质创新和林木种质资源收集、保存与开发利用等方面教学、科研的参考书。

本书的编写得到了山东、河北、北京、湖北等省（市）林木种苗管理机构的支持和帮助，河南省林木种质资源普查专家咨询组各成员参与了有关内容的审查把关，在此，谨向他们致以诚挚的谢意！

由于编者水平有限，时间紧迫，疏漏和不足之处在所难免，望各位同仁在实际应用过程中及时发现，及时提出宝贵意见和建议。

编　者

2017 年 4 月

目　录

河南省林木种质资源普查实施细则

为确保河南省林木种质资源普查(简称“普查”,下同)质量,统一全省普查标准与方法,根据《河南省林木种质资源普查工作方案》和河南省《林木种质资源普查技术规程》,结合实际,制定本实施细则。

一、机构与队伍组建

(一)建立组织机构

1.省级机构

全省林木种质资源普查工作由省林业厅统一领导,省林业厅成立普查工作领导小组和专家咨询组。领导小组由厅长任组长,有关厅领导任副组长,有关处室和单位负责人为成员,全面领导全省普查工作。领导小组下设办公室,具体负责全省普查工作的组织、协调和管理等工作。专家咨询组由全省植物分类和林木种质资源研究方面的知名专家教授组成,负责全省普查工作的技术指导工作。

2.市、县级机构

各市林业主管部门成立普查工作领导小组,由主要负责人任组长,有关局领导任副组长,并确定一名副局长主抓。负责本市林木种质资源普查的组织协调工作。领导小组下设办公室,负责本辖区内普查工作的组织实施。

各县(市、区)林业主管部门成立县(市、区)普查工作领导小组及办公室,由主要负责人任组长,并确定一名副局长主抓,负责本县(市、区)林木种质资源普查的组织协调工作,并抽调熟悉当地林木种质资源的技术人员作为专职普查人员,负责本区域的调查工作。

3.高等院校等有关单位

承担普查任务的高等院校成立由分管校领导为组长、有关院系主要负责人为副组长的领导小组及办公室,负责本单位承担的专项调查的领导和组织协调工作。其他科研教学单位和种质资源保存单位明确一位领导和一个处(科)室负责普查工作。

(二)成立调查队伍

1.成立专业调查队(组)

市、县(市、区)林业主管部门和承担普查任务的高校,要根据资源分布情况和普查工作量,选择参加普查人员,分别成立调查队(组),调查队(组)在工作中可分成若干个工作小组,每个小组由3~4人组成。调查队(组)要统一调查标准和方法,全面了解并掌握《河南省林木种质资源普查工作方案》、河南省《林木种质资源普查技术规程》和本实施细则的各项内容,以利开展工作。普查以县(市、区)为基本单位开展。负责专项调查的高校,根据任务书的要求,并结合工作量组建调查队伍。

2. 调查任务分工

主要山系（伏牛山、大别山、桐柏山、太行山等）的野生林木种质资源调查，由相关高校承担，各有关市、县（市、区）配合调查。其中：河南农业大学负责伏牛山区各县（市、区）野生林木种质资源的调查；信阳农林学院负责大别山和桐柏山区各县（市、区）野生林木种质资源的调查；河南林业职业学院负责太行山区各县（市、区）野生林木种质资源的调查。山区县（市、区）林业主管部门应及时与有关高校联系，尽快落实外业调查时间，主动为高校开展普查工作提供资料查询、交通、向导、食宿等方面的便利条件。各山区行政区划县（市、区）名单见附表（河南省林木种质资源普查山区行政区划表）。其他有野生林木种质资源分布的区域，主要由所在市、县林业主管部门组织调查。

3. 调查人员条件

为确保调查队伍有能力真实、准确地完成某一地区或某一类专项调查的相关工作，调查队（组）人员组成要做到精干、专业、配置合理、分工明确，并确定调查队（组）技术负责人。调查人员应身体健康、责任心强、吃苦耐劳、工作认真细心，并具有一定专业技术知识，了解树木分类、土壤、测树、计算机等方面知识。

二、普查准备工作

（一）明确普查任务与区域

各市、县（市、区）林业主管部门和承担普查任务的高校及有关单位，在普查工作开始前，应明确普查目的与任务，确定普查工作负责人，并根据普查目的、任务以及普查对象，确定普查工作所涉及的区域或范围。

（二）收集相关资料

根据河南省《林木种质资源普查技术规程》的要求，收集各类基本资料，主要包括：

（1）森林资源调查资料、林业区划资料、经济林、木本花卉等单项类种质资源普查资料，如造林树种及各树种所占比例、分布范围、适应性等。

（2）野生乡土树种的现有调查资料，如优树、农家品种、珍稀濒危树种、古树名木等调查成果。

（3）新引进和新选育树种（品种）种质资源方面的资料。

（4）林木良种繁育中心、良种基地、采种基地、自然保护区、森林公园、树木园、植物园、种质资源库（收集圃）等建设资料。

（5）地方志、树木志、植物志、植物图鉴及有关方面的资料等。

（6）树木或有关植物的考察报告等。

（7）本辖区造林档案资料。

（8）气候（气候带、年及月平均气温、降水）、地理（地貌、坡向、坡位、坡度、海拔）、土壤（类型、土壤厚度、腐殖质厚度）和社会经济等资料。

（三）制订工作方案

各市、县（市、区）林业主管部门和有关单位根据实际情况，制订普查工作方案。负责专项调查的高校，根据协议书（或任务书）的要求制订专项调查工作方案。普查（或专项调查）工作方案应包括：

(1)普查(或专项调查)任务及区域范围。

(2)技术方案和实施细则。

(3)普查(或专项调查)人员组织。

(4)普查(或专项调查)时间安排。

(5)普查(或专项调查)工具及设备。

(6)医疗急救包及安全预案等。

(7)保障措施。

(8)经费预算。

(四)准备调查工具和设备

有关高校和各市、县根据技术规程要求,结合实际及工作量大小,通过调用或购置,为调查队伍配备相应的调查工具和野外防护设备。信息管理系统信息录入设备由省普查办统一配备。

(1)器材:数码相机(不低于800万像素或分辨率不小于3 264×2 448)、电脑、围尺、钢卷(围)尺、皮尺(50 m)、测高器、罗盘仪、GPS、海拔仪、计算器、望远镜等。

(2)表格与文具:调查用表、调查用图、铅笔、粉笔或蜡笔、文具盒、工作包。

(3)标本采集器械:采集箱(袋)、标本夹、高枝剪、枝剪、放大镜、吸水纸、台纸、透明纸等。

(4)其他:药品、防护服、安全用具等。

(五)研制《河南省林木种质资源普查信息管理系统》

按照普查内容要求和统一制作的各类调查统计表格,省普查办组织有关单位开发研制《河南省林木种质资源普查信息管理系统》及信息录入软件。

(六)技术培训

全省普查技术骨干培训班由省普查办统一组织,其他普查人员培训分别由各市、县(市、区)和高校普查办统一组织。

1. 培训对象

全省普查技术骨干培训班培训对象为各省辖市及直管县林业主管部门和高校分管普查工作的负责人、普查办主任和调查队(组)负责人;各市、县(市、区)和高校培训班培训对象为本单位调查队(组)人员。

2. 培训地点与时间

全省普查技术骨干培训班2016年11月在郑州举办,各市、县(市、区)和高校调查人员培训时间、地点由各单位根据工作进度安排自行确定,原则上应在2016年12月至外业调查启动前完成。

3. 培训内容

培训内容主要包括:《河南省林木种质资源普查工作方案》、河南省《林木种质资源普查技术规程》和本实施细则中规定的方法与内容;普查相关学科知识要点;各种调查表格的填写等。

培训班聘请专家咨询组及熟悉普查业务的专家教授进行授课,通过培训,使每个参与普查人员都能按普查方案、技术规程和实施细则要求的调查标准、工作方法独立开展工作。确保普查工作规范和高效。

三、外业调查

（一）野生林木种质资源调查

1. 调查目的

摸清我省野生树种种质资源的种类、分布、数量、面积、单株或群体信息、生长和保护现状等情况。

2. 调查方法

在查阅资料、召开座谈会、制订工作计划的基础上，采取踏查、线路调查、样方调查、单株调查相结合的方式进行。

调查线路或调查样方要根据调查内容以及调查区域的地形、地貌、海拔、生境等确定，调查线路或调查样方的设立应注意代表性、随机性、整体性及可行性相结合；样方的布局要尽可能全面，分布在整个调查地区内的各代表性地段。重点沟谷调查不得少于沟谷总数的1/2，一般沟谷调查不得少于沟谷总数的1/3，避免在一些地区产生漏空。同时，也要注意到被调查区域的不同地段的生境差异，如山脊、沟谷、阳坡、阴坡、海拔等；样方根据地形地貌布设并进行调查记录。

1）线路调查

根据现有资料和了解的情况，利用森林资源分布图和行政区划图，按一定的线路进行调查。在线路调查行进中，要不断记录新见的树种（100 m以内不重复记载）。目测能见范围内（每侧20 m）各树种因子，了解资源分布区树种、林分的起源、组成、林龄、生长情况、地形地势、立地条件等，调查结束时按实际调查数量进行汇总。在线路调查中见到偶见种时要采集标本。

2）样方调查

在山区，到海拔每100 m整数位时（以GPS与海拔仪定位），需作样方调查。样方面积依据种质多样性来确定，一般样方面积设为400 m^2；林木种质资源较少、地形比较开阔的地段样方面积可设为600 m^2；全部为灌木类型的样方面积设为25 m^2（5 m×5 m）。

在丘陵和平原地区，采用线路踏查和样方调查相结合，按南北向或东西向平行、均匀布设调查线路。在野生林木种质资源分布的沿湖或沿河等确定踏查线路，沿线路进行调查，视情况每1～3 km设置一个代表性样方进行样方调查。

3. 有关要求

线路调查要沿踏查线路记录观察到的所有木本植物，并选择标准株拍摄照片。对于不能准确识别的树种要采取枝、叶、花、果等器官，压制成凭证标本，并拍摄形态照片，以便鉴定。

样方不能跨越河流、道路，且应远离林缘。长方形样方最短边不能小于5 m。所有的样方调查，在选择样方位置时，应以GPS定位样方西北角点。每个样方填写调查表。

（二）优良林分、优良单株（类型）调查

1. 调查目的

以没有进行系统选优或良种数量不能满足生产需要的树种为重点，从现有林分中选

择一批优良林分和优良单株(或优良类型),并初步评价其利用现状和潜在的开发利用前景,为良种生产基地建设和林木种质资源收集保存与利用提供基础和依据。

2. 调查对象

优良林分和优良单株(类型)是指在相同立地条件下,生长量(或产量)、材质(或果品品质)以及适应性、抗逆性等某一方面或多方面明显超过同种同龄的其他林分和单株。优良林分的选择与调查,在野生林分和实生苗(或点播)造林形成的林分中进行;优良单株(类型)的选择与调查除以上林分外,还包括无性繁殖苗木营造的各类林分和实生起源的成年散生木。

3. 调查方法

调查小组结合野生林木和栽培利用林木种质资源调查,深入到各乡镇村、林场,召集乡林业站干部职工、林场干部及技术人员、护林员、村干部和村护林员等有关人员,召开座谈会,了解当地优良林分、优良单株(类型)种质资源分布情况,并到现场实地调查,具体调查方法见普查技术规程。

4. 有关要求

调查全面,地点准确,来源清楚,优株数量和生长指标测定准确,形态描述恰当,抗逆性和适应性评价恰当,对每处优良林分和每个优株要进行拍照,照片清晰。对有重要利用或科研价值的优株,可请有关专家一同进行实地调查。每个县(市、区)应根据实际选出一定数量的优良林分和优良单株(类型)。

(三)栽培利用林木种质资源调查

1. 调查目的

全面掌握我省栽培利用的树种(品种)种质资源(包括用材林、生态防护林、经济林、园林观赏树木及木本花卉、藤本林木种质资源)的种类、数量、面积、分布范围等情况。

2. 调查对象

人工种植并在生产中利用的树种或品种,包括农家品种(地方品种),不包括新引进和新选育的正在进行区域性试验的树种或品种,应重视对农家品种的调查。

3. 调查方法

以县为基本单位,组织调查人员,根据查询和收集的资料,依据河南省《林木种质资源普查技术规程》和工作方案的要求,以自然村为调查单位进行调查,弄清各目的树种(品种)的具体栽培地点、面积、株数、主要栽培目的等情况。根据具体情况,填写相关调查表格。栽培面积(667 m^2 以上)连片的树种(品种)填写集中栽培树种(品种)调查表;公园、广场、街头绿地、小区、道路绿化等城镇绿化树种填写城镇绿化树种(品种)调查表。

4. 有关要求

调查范围要全面,树种和品种齐全,是品种的要填到品种,来源要清楚,栽培面积准确,评价恰当。同时,拍摄能够突出品种特点的代表性照片。

(四)重点保护和珍稀濒危树种与古树名木调查

1. 调查目的

全面掌握我省重点保护树种、珍稀濒危树种和古树名木及古树群的种类、数量(面积、株数)、保护等级、树龄、胸径、树高、地理位置及生长与保护状态等,为资源保护利用提供依据。

2. 调查方法

在查询现有的调查成果及其他权威资料的基础上，进行补充调查和现场核实。原则上每株调查，但数量较多，树龄及生长无明显差别的可以进行样株调查（不少于 10 株），古树群要记录数量、面积、分布特点等。

3. 有关要求

调查种类及数量清楚，树龄及生长量测定准确，地理位置详细准确，立地条件及小气候描述恰当。对古树名木要利用 GPS 进行定位，拍摄整株及花果的照片。

（五）新引进和新选育林木种质资源调查

1. 调查目的

全面调查新引种树种（品种）的名称、引种材料种类、引种时间、试验或保存地点与数量、适生条件与范围、特征性状、生长发育情况、繁殖方法等；新选育树种（品种）的名称、选育方式、亲本来源、选育时间、试验地点与面积，主要特性指标与优点、适生条件与范围、繁殖方法等。为制订林木种质资源收集保护和利用规划提供依据。

2. 调查对象

新引进树种（品种）是指从省外（含国外、境外）引进，经过栽培试验在我省适生，但未审（认）定推广的树种（品种）。新选育品种指经科研人员多年选育的、试验阶段基本结束，或已经通过技术鉴定、新品种登记，但尚未审（认）定推广的树种或品种。

3. 有关要求

新引进树种（品种）要调查种类（包括树种、品种或无性系等）名称、原产地、引种单位、引种试验地点、主要特征特性、优缺点、适应性等情况。对于基本成功并具有推广价值的树种、品种要评价适应范围。填写调查表分别并拍摄形态照片。

新选育品种调查包括树种或品种名称、选育方式、亲本及亲本来源、选育时间及育成年份、主要中试地区和中试面积、品种主要特征特性、优缺点等，填写调查表并分别拍摄形态照片。

（六）收集保存林木种质资源调查

1. 调查目的

查清我省收集保存林木种质资源的种类、数量、保存方式、生长状态、保护情况及存在问题，为下一步种质资源保存库建设和制定保护利用规划提供依据。

2. 调查方法

对各类自然保护区、林木良种基地（种子园、采穗圃、母树林）、林木采种基地、原地与异地种质资源保存库（圃）、试验林、植物园、树木园等保存的种质资源及省以下各级科研院所、大专院校、各级各类林业单位、涉林企业结合科研生产，收集保存的林木种源、优良家系、品种（无性系、类型）、优良单株、优良亲本等种质资源，分别由市、县林业主管部门组织相关单位负责调查登记，调查结果由市、县林业主管部门负责审核汇总。省以上科研教学单位收集保存的林木种质资源，由省种苗站组织有关单位调查登记和汇总。

3. 有关要求

调查内容包括建设保存单位、保存地类别（包括自然保护区、树木园、植物园；种子园、采穗圃、母树林等良种基地和采种基地;种质资源库、资源收集圃、试验林等)、保存方式(原地、异地)、建设地点与时间、保存的种质资源种类、数量、生长与保存现状等,分别填写调查表,并拍摄每种资源的形态照片。

(七)影像拍摄和标本采集要求

1. 影像拍摄

各调查队(组)均须配备高性能的数码相机,照片拍摄者需经过学习或具有较高水平,拍摄对象为林相、整株和叶、花、果实等器官以及具有识别特征的部位,要求拍摄物主体突出,图像清晰,照片像素不低于800万(图像分辨率不小于3 264 ×2 448),采用jpg格式存储,并准确记录种质名称、地点、拍摄者(姓名和单位)、拍摄时间、照片原始编号。每天调查结束后,要对当天对所拍摄的照片进行分类整理。对于常见树种,原则上每个乡(镇)应拍摄一组完整的照片(包括整株、枝、叶、花、果等)。

各市、县(市、区)和高校要有计划地拍摄反映普查工作过程及实况的影像资料。

2. 标本采集

调查过程中,对现场无法鉴定的树种要尽可能采集枝、叶、花、果等器官制作完整的标本,并进行记录和拍照,记录时应尽可能记录各树种所有能观察到的形态、生物学性状和生态环境等信息,以备室内应用工具书进行鉴定或报请专家咨询组进行鉴定。

四、内业整理

(一)每日调查整理

每日外业调查工作结束后,当天要进行必要的内业整理,查阅相关资料,完善调查表格的填写,拷贝并整理照片,完成外业调查工作日志,并对第二天的调查工作进行必要准备。

(二)标本整理和鉴定

林木种质资源调查的一项重要内容就是对不确定树种的鉴定,因此,对外业调查现场无法鉴定的树种,要尽可能采集制作完整的标本以便鉴定,采集的标本要鉴定到种。调查人员可利用工具书进行树种鉴定,对利用工具书仍不能鉴定的树种,填写"树种鉴定表"一式两份,连同标本、照片和调查记录,报请专家咨询组进行鉴定。鉴定后的标本应及时进行处理,制作腊叶标本,并妥善保存备查。

(三)资料报表的编制、绘图

省普查办公室组织编制林木种质资源普查软件,各地按软件的要求录入数据。依据调查结果,结合其他可靠的文献记载,制定各地区林木种质名录。名录还应注明标本的采集地点或资料来源、分布点和分布范围、GPS定位信息等,并绘制林木种质资源的分布示意图、区划图。

(四)普查成果报告的编写

普查任务完成后,必须及时整理普查成果。普查报告按照河南省《林木种质资源普查技术规程》的有关要求撰写。要求内容全面、客观、真实,文字简洁、清晰、准确。

（五）普查成果

1. 普查报告

省、市、县（市、区）三级分别撰写普查报告，报告名称为《河南省××市××县（市、区）林木种质资源普查报告》。

2. 普查技术资料

（1）管理与文书资料：文件、会议纪要、工作方案、实施细则、领导讲话、培训照片、管理规章制度、技术合同等。

（2）外业调查资料：调查簿、调查记录、外业调查登记表等。

（3）图件资料：林木种质资源分布图、照片。

（4）上述材料、图片和文字的电子文档。

（5）为普查工作准备的各类档案材料。

（6）其他成果材料。

3. 其他预期成果

（1）编辑《河南省可供利用的林木种质资源目录》；

（2）编辑《河南省主要林木种质资源》；

（3）建立《河南省林木种质资源数据库》；

（4）建立《河南省林木种质资源普查信息管理系统》；

（5）制定《河南省林木种质资源保护与利用中长期规划》；

（6）编辑出版《河南省主要树木图谱》。

五、质量管理

（一）自查

外业调查和内业整理每一阶段工作完成后，各市、县（市、区）及高校要对外业调查资料和内业整理结果进行全面检查，根据情况进行必要的现场核实。发现错误应及时纠正，问题严重的要进行补充调查，不可随意改动外业调查的基本数据和基本文字资料。

（二）监督检查

河南省普查办不定期组织领导小组和专家咨询组成员对各市、县（市、区）以及高校普查（或专项调查）工作进行监督核查，各市普查办要加强对辖区内各县（市、区）普查工作的督促检查，及时发现普查工作中存在的问题，并督促整改纠正。

（三）工作汇报

为确保普查工作按时顺利完成，建立普查工作汇报制度。工作汇报包括阶段汇报、中期汇报、验收汇报，分别由县（市、区）普查办向市普查办汇报，各市和高校普查办向省普查办汇报，各级各单位要按照普查（或专项调查）工作进度安排和要求，及时进行书面汇报和口头汇报。阶段汇报主要是以简报等形式汇报每一阶段的任务完成情况及存在的问题等；普查（或专项调查）完成过半时，进行中期总结汇报；全部完成后，进行成果汇总和验收汇报，并提交普查（或专项调查）成果报告及相关数据。

(四)验收

1. 验收内容

(1)普查(或专项调查)成果。

(2)经费决算情况。

2. 验收依据

普查(或专项调查)工作计划、协议书或任务书、工作方案、技术规程、实施细则所作的规定。

3. 验收办法

各省辖市、省直管县(市)、有关高校和林业重点县(市、区)由省普查办组织验收,其他县(市、区)由各省辖市普查办组织验收,并形成书面验收结论。未完成普查(或专项调查)工作,或与验收依据有明显差距,或质量评定不合格的不予验收,责令限期修改、提高完善后重新组织验收。

4. 验收时间

所有外业调查和内业整理工作结束,撰写普查(或专项调查)成果报告送审稿之后。

5. 验收报告

内容包括:

(1)任务及其来源。

(2)组织领导机构与普查(或专项调查)人员组成。

(3)普查(或专项调查)区域的自然地理概况。

(4)调查点的布设。

(5)调查方法和时间。

(6)调查结果整理与分析。

(7)任务完成情况。

(8)重要成果。

附表

河南省林木种质资源普查山区行政区划表

山区分区	省辖市、省直管县(市)	县(市、区)
伏牛山区(46个县(市、区))	郑州市(4)	登封市、荥阳市、新密市、新郑市
	巩义市	
	洛阳市(15)	栾川县、嵩县、洛宁县、汝阳县、孟津县、新安县、宜阳县、伊川县、偃师市、老城区、西工区、瀍河区、涧西区、洛龙区、吉利区
	平顶山市(9)	鲁山县、舞钢市、宝丰县、郏县、叶县、新华区、卫东区、石龙区、湛河区
	汝州市	
	许昌市(2)	禹州市、襄城县
	三门峡市(6)	卢氏县、灵宝市、渑池县、陕州区、湖滨区、义马市
	南阳市(6)	西峡县、淅川县、南召县、内乡县、方城县、镇平县
	驻马店市(2)	遂平县、西平县
桐柏、大别山区(11个县(市、区))	南阳市(1)	桐柏县
	信阳市(6)	商城县、新县、光山县、罗山县、浉河区、平桥区
	固始县	
	驻马店市(3)	确山县、泌阳县、驿城区
太行山区(18个县(市、区))	安阳市(3)	林州市、殷都区、龙安区
	鹤壁市(4)	淇县、鹤山区、山城区、淇滨区
	新乡市(3)	辉县市、卫辉市、凤泉区
	焦作市(7)	沁阳市、修武县、博爱县、解放区、中站区、马村区、山阳区
	济源市	

林木种质资源普查技术规程
(DB41/T 1489—2017)

1 范围

本标准规定了林木种质资源普查的术语和定义、总则、普查准备、外业调查、内业整理、成果总结、检查验收。

本标准适用于林木种质资源普查。

2 规范性引用文件

下列文件对于本文件的应用是必不可少的。凡是注日期的引用文件,仅注日期的版本适用于本文件。凡是不注日期的引用文件,其最新版本(包括所有的修改单)适用于本文件。

GB/T 16620—1996 林木育种及种子管理术语

3 术语和定义

GB/T 16620—1996《林木育种及种子管理术语》界定的以及下列术语和定义适用于本文件。

3.1 林木种质资源

选育林木新品种的基础材料,包括各种林木的栽培种、野生种的繁殖材料以及利用上述繁殖材料人工创造的各种林木的遗传材料。

3.2 种

植物分类学上的基本单位,指具有相同的形态学、生理学特征,一定自然分布区内的具有相似遗传组成的林木群体。

3.3 变种

种内的变异类型,与原种相比在形态构造上有了较为显著的变化特点,但是没有明显的地带性分布区域。

3.4 品种

经过人工选育或者发现并经过改良,形态特征和生物学特性一致,遗传性状相对稳定的植物群体。

3.5 优良林分

在同等立地条件下，与其他同龄林分相比，在速生、丰产、优质、抗性等方面居于前列，通过伐除不良植株，优良木占绝对优势，可以改建成母树林的林分。

3.6 优良单株

表现型优良的树木，即在生长和某些性状表现上，远远超过同等立地条件下周围的同种、同龄树木的单株。

3.7 古树

在人类历史过程中保存下来的年代久远或具有重要科研、历史、文化价值，树龄在100年以上的树木。

3.8 古树群

在一定区域内，成片生长3株以上古树的群落。

3.9 名木

在历史上或社会上有重大影响的中外历代名人、领袖人物所植或具有重要历史、文化、景观与科学价值和具有重要纪念意义的树木。

3.10 目的树种

也叫主要树种。最适合经营目的和立地条件的树种，为森林经营的培育对象。

3.11 龄级

根据森林经营要求及树种生物学特性，按一定年数作为间距将林分划分成若干个级别，称为龄级。

3.12 每木调查

对林分内每一立木按预定要求进行测量记载，称为每木调查。可分全林每木调查和局部每木调查。

3.13 树干通直度

树干地上6 m区内树干通直程度。采用目测三级评分法，即通直、稍弯曲、弯曲。

3.14 形质指标

能稳定遗传给后代的外部形态质量指标。

3.15 凭证标本

物种标本所附带的采集资料，以提供证实某一物种在某一时间和空间的确实存在。

4 总则

4.1 普查对象、内容与方法

4.1.1 普查对象

普查对象为行政区域内所有的林木种质资源，包括以下几个方面：

（1）野生林木种质资源：原始林、天然林、天然次生林内处于野生状态的林木种质资源，包括乔木、灌木、木质藤本、竹类等林木种质资源的种、变种和主要树种的优良林分、优良单株。

（2）栽培利用林木种质资源：造林工程、城乡绿化、庭院绿化、经济林果园等种植的种质资源，包括乡土树种和引进树种的种和品种，实生林中的优良林分、优良单株，无性化栽培林分中的优良变异单株。

（3）重点保护和珍稀濒危树种与古树名木资源：包括重点保护和珍稀濒危树种、古树、古树群以及名木。重点保护和珍稀濒危树种包括列入《国家重点保护野生植物名录》并在河南省分布的树种，以及列入《河南省重点保护植物名录》的树种。

（4）新引进和新选育林木种质资源：包括从省外（含国外、境外）引进和自主选育，但未审定推广的树种和品种。已推广应用的，列入栽培利用林木种质资源调查登记范围。

（5）收集保存林木种质资源：种子园、采穗圃、母树林、采种林、试验林、植物园、树木园、种质资源保存林（圃）、种子库等专门场所保存的林木种质资源。

4.1.2 普查内容

4.1.2.1 查清区域内乔木、灌木、木质藤本、竹类等林业植物资源的种类、数量（面积或株数）、分布及生长情况，记录分布地点的群落类型及生长环境。

4.1.2.2 调查树种种内的品种、品系、优良单株、变异类型等林木种质资源的来源、经济性状、抗逆性、种植面积与区域、保存状况等。

4.1.3 普查方法

普查采用资料查询、知情人访谈、踏查、线路调查、样方调查、单株调查等方法。

4.2 普查成果

林木种质资源普查成果主要包括：林木种质资源普查报告，林木种质资源名录、影像、凭证标本，林木种质资源数据库和信息管理系统，调查过程中收集和编制的各类文字技术资料及图件档案等。

4.3 普查工作程序

普查工作按以下程序进行：

（1）普查准备：明确普查目的、目标，制订工作方案和实施细则，准备所需要的技术资料、仪器工具、物资等，组建普查队伍，培训技术人员。

（2）外业调查：对河南省范围内的野生林木种质资源、栽培利用林木种质资源、重点保护和珍稀濒危树种与古树名木资源、新引进和新选育林木种质资源、收集保存林木种质资源等分别开展外业调查、登记。

(3)内业整理:普查数据的整理、录入、汇总、分析,标本鉴定,图件绘编,资料整理存档。

(4)成果总结:编制普查成果报告,建立数据库和信息系统。

(5)检查验收:组织有关人员进行检查验收。

5 普查准备

5.1 制订工作方案、实施细则

制订包含调查时间、范围、进度安排、经费安排、普查人员组成与分工、保障措施等内容的具体普查工作方案和实施细则。普查工作方案主要内容包括普查依据和意义、工作思路和目标、普查对象和内容、承担单位及分工、工作步骤与方法、进度安排与调控、保障措施等;实施细则主要内容包括机构与队伍组建、普查准备工作、外业调查、内业整理、检查验收等。

5.2 组织准备

省、市、县(市、区)林业主管部门成立普查工作领导小组及办公室、专家咨询组,明确分工,分别以相关高校和市、县(市、区)为单位组成调查组开展调查。

5.3 资料准备

5.3.1 基本资料

收集调查区域内林木种质资源的相关资料:

(1)森林资源清查、森林资源规划设计调查、森林资源档案、自然保护区考察报告、林相图以及林业区划等相关资料。

(2)自然保护区、森林公园、林木良种基地、林木采种基地、植物园、树木园、品种园、现代高效农业园区、各类苗圃基地的档案资料,历次林木良种公告,选优、优树收集、引种驯化以及各类子代测定林、种源实验材料、建园(场)材料等技术档案。

(3)树木志、植物志、植物图鉴、植物检索表、地方志、植物名录、植物资源、森林资源和古树名木等资料。

5.3.2 其他资料

气候、地理、土壤和社会经济等资料。

5.4 调查用具准备

5.4.1 仪器、设备及工具

包括数码相机、电脑、数据采集仪、围尺、钢卷(围)尺、皮尺、土壤刀、测高器、定位仪、望远镜、生长锥等必要工具。

5.4.2 图表和文具

调查用图,调查表格,记录用纸、笔、包等文具。

5.4.3 **标本、样品采集器械**

采集袋、标本夹、枝剪、高枝剪、手锯、放大镜、吸水纸、台纸、透明纸、浸制试剂、硅胶、采集标签和鉴定标签等。

5.4.4 **辅助用品及其他**

野外常用药品、野外防护装备、通信设备、安全用具等。

5.5 技术培训

开始调查前,采取集中培训和现场实训的方式,组织调查人员系统学习并熟练掌握普查技术规程、树木识别和分类、普查照片拍摄、安全等有关知识及技术要求。

6 外业调查

6.1 野生林木种质资源调查

6.1.1 **调查对象**

调查野生树种(变种)及其种质资源的种类、数量、分布、生境、生长情况等。调查目的树种的优良林分和优良单株。

6.1.2 **资料查询**

查询已有的技术档案和文献资料,掌握普查区域内林木种质资源的基础信息,了解树种分布及整体概况。

6.1.3 **知情人访谈**

通过会议方式,召集基层林业技术人员和熟悉情况的村民代表进行座谈,了解询问调查区域内的特异林分和单株,确定重点调查线路和重点调查区域。

6.1.4 **林木种类调查**

6.1.4.1 踏查

根据现有资料和了解的情况,利用森林资源分布图和行政区划图,按照一定的线路,了解资源分布区内树种种类、林分起源、结构、林龄、生长情况、地形地势、立地条件等。

6.1.4.2 线路调查

林木种类调查应以线路调查为主、样方调查为辅。线路调查应在踏查的基础上,结合森林资源分布图、地形图或卫星图片进行设计,调查线路的设立应考虑代表性、随机性、整体性及可行性相结合,根据自然条件的复杂程度和植物群落的类型确定调查线路和线路密度。重点沟谷调查不得少于沟谷总数的1/2,一般沟谷调查不得少于沟谷总数的1/3。调查线路的长度和宽度应符合林分抽样的规定。在山区坡面地段,从谷底向山脊垂直于等高线设置;在河谷地段,沿河岸由下游向上游设置。在线路调查行进中,沿线路记录所有新见的树种(100 m以内不重复记载),目测能见范围内(每侧20 m)各树种因子,了解资源分布区树种、林分的起源、组成、林龄、生长情况、地形地势、立地条件等。

沿调查线路记录观察到的不同树种,填写野生林木种质资源树种调查表(见附录A表A.1),并拍摄标准株形态照片。对于不能准确识别的树种采集枝、叶、花、果等器官,压制成标本,拍摄形态照片,并记录照片原始编号,以供鉴定。注意掌握林木照片拍摄技术,重点拍摄生境、群体、植株以及叶、花、果实等能反映种质资源特征的照片，要求拍摄物主体突出，图像清晰。

6.1.4.3　样方调查

对树种种类多、分布面积较大的区域，根据树种种类、分布范围、地形地貌等情况，选择有代表性的林分设置样方进行调查。样方的布设应涵盖整个调查地区内的各代表性地段，但不宜设在林缘，不能跨越河流、道路。在山丘地区，到海拔每 100 m 整数位时，需作样方调查。样方面积依据种质多样性来确定，一般样方面积设为 400 m^2；林木种质资源较少、地形比较开阔的地段样方面积可设为 600 m^2；全部为灌木类型的样方面积设为 25 m^2。样方为正方形或长方形的，长方形样方最短边不得小于 5 m。

在丘陵和平原地区，采用线路踏查和样方调查相结合，按南北向或东西向平行、均匀布设调查线路。在野生林木种质资源分布的沿湖或沿河等确定踏查线路，沿线路进行调查，视情况每 1 ~3 km 设置一个代表性样方进行样方调查。

样方调查填写野生林木种质资源样方调查表（见附录 A 表 A.2）。地形、土壤等环境因子分类见附录 B。

6.1.5　优良林分调查

6.1.5.1　优良林分的选择与条件

首先确定调查的目的树种，原则上选择没有开展系统选优和良种数量不能满足生产需要的主要乡土造林树种；然后选择优良林分。优良林分应同时满足以下条件：

(1)野生林分或者实生苗（或点播、飞播）造林形成的林分；

(2)目的树种集中分布的中龄林或近熟林；

(3)同龄林或相差 2 个龄级以内的异龄林，密度适宜，郁闭度不低于 0.6；

(4)林木生长整齐、生长量及其他经济性状明显优良，没有经过人为破坏或未进行上层疏伐的林分；

(5)分布相对集中，面积 0.3 hm^2 以上。

6.1.5.2　调查方法

6.1.5.2.1　样方设置

在确定的优良林分内，选择代表性地段设置样方。样方形状为正方形或长方形，样方调查面积应占候选林分总面积的 2%，样方面积不小于 400 m^2。

6.1.5.2.2　每木调查

在样方内实测每木胸径、树高、枝下高、冠幅，目测树干通直度和结实情况等。同时调查林分面积、地形、树种起源、林龄及郁闭度等，调查结束拍摄照片，填写优良林分样方调查表（见附录 C 表 C.1）。

6.1.6　优良单株调查

6.1.6.1　选优原则与方法

6.1.6.1.1　选优原则

首先确定调查的目的树种，原则上选择没有开展系统选优和良种数量不能满足生产需要的主要乡土造林树种；然后选择优良单株。林内选优在确定的优良林分或者种源清楚且表现优良的林分中选择；散生木选优以形质指标为主，同时考虑并比较其年生长量、重要经济价值、观赏价值等确定是否入选。散生木候选优树应是实生起源的成年植株，还应注意其周围的立地条件和栽培措施，其土壤条件应具有一定的代表性。

6.1.6.1.2 选优方法

优良单株选择常用方法参考附录D。

6.1.6.2 优良单株调查

调查优良单株的树高、胸径、冠幅、重要经济性状、特异性状等，拍摄照片，填写优良单株调查表（见附录C表C.2）。

6.2 栽培利用林木种质资源调查

6.2.1 资料查询

查询已有的技术档案、引种档案和文献资料，掌握该区域内栽培林木种质资源基础信息，了解栽培林木种质资源的种类及利用情况。

6.2.2 知情人访谈

通过会议方式，召集基层林业技术人员和熟悉情况的村民代表进行座谈，了解询问栽培特异林分和单株。

6.2.3 调查登记

在资料查询和访谈的基础上，对人工种植并在生产中利用的树种或品种，包括农家品种（地方品种），进行实地调查，登记栽培树种（品种）种质资源种类、数量、生长状况和分布等，根据具体情况，分别填写集中栽培树种（品种）调查表（见附录E表E.1）、城镇绿化树种（品种）调查表（见附录E表E.2）或非城镇“四旁”树种调查表（见附录E表E.3）。

6.2.4 优良林分调查

确定目的树种，从实生人工林中选择调查，方法见6.1.5。填写优良林分样方调查表（见附录C表C.1）。

6.2.5 优良单株调查

调查方法见6.1.6。其中，品种化栽培的人工林只选择优良的变异单株。填写优良单株调查表（见附录C表C.2）。

6.3 重点保护和珍稀濒危树种与古树名木调查

6.3.1 重点保护和珍稀濒危树种调查

利用过去已开展的国家重点保护植物、珍稀濒危保护树种、珍贵树种和河南省重点保护树种调查成果资料，进行实地核实，对原来没有调查的进行补充调查，拍摄照片，填写重点保护和珍稀濒危树种调查表（见附录F表F.1）。

6.3.2 古树名木调查

查询登记古树名木的现有调查成果资料，进行实地核实，对原来没有调查的进行补充调查，拍摄照片，填写古树名木调查表（见附录F表F.2）。

6.3.3 古树群调查

对普查区域内古树群分布地区逐一实地调查，记录群体生长环境及生长状况、形态特征，访问当地年长者或查询历史资料等推断树龄，测量树高、胸径、枝下高、伴生植物等相关指标，拍摄群体、整株及花果的照片，填写古树群调查表（见附录 F 表 F.3）。

6.4 新引进和新选育林木种质资源调查

对有关科研、教学、生产等开展良种引进与选育的单位进行新引进和新选育的林木种质资源调查登记，拍摄照片。新引进林木种质资源填写新引进树种（品种）调查表（见附录 G 表 G.1），新选育林木种质资源填写新选育品种调查表（见附录 G 表 G.2）。

6.5 收集保存林木种质资源调查

6.5.1 资料查询

通过查询历史技术档案资料，掌握林木种质资源的保存、定植等信息。

6.5.2 调查登记

对各类自然保护区、林木良种基地（种子园、采穗圃、母树林）、林木采种基地、种质资源保存库（圃）、试验林、植物园、树木园等保存的种质资源及各级科研院所、大专院校、各级各类林业单位、涉林企业结合科研生产收集保存的林木种源、优良家系、品种（无性系、类型）、优良单株、优良亲本等林木种质资源，进行调查、登记，现场核查其名称、来源、特征特性、保存场所、资源现状等信息，拍摄照片，填写收集保存林木种质资源调查表（见附录 H 表 H.1）。

7 内业整理

7.1 外业调查表整理

核对外业工作调查的内容、范围及各类调查表，补充遗漏调查内容，对外业调查表进行统计、汇总并整理成册。

7.2 影像整理

对拍摄的影像进行归类并备份。核对影像资料的编号、种质名称、拍摄时间、地点与外业调查表相一致。

7.3 凭证标本鉴定与整理

对外业调查现场无法确定的树种，应采集枝、叶、花、果等器官，制作完整的凭证标本，首先根据凭证标本和野外采集记录、照片，利用现有资料进行鉴定。仍不能鉴定的树种，填写凭证标本采集记录表（见附录 I 表 I.1），报请专家咨询组进行鉴定。制作的标本应妥善保存。

7.4 数据录入与统计分析

根据统一编制的《河南省林木种质资源普查信息管理系统》录入数据。

统计分析按照县（市、区）、省辖市、全省三个层次进行。

7.5 图件绘编

按照调查对象以 1/50 000 地形图绘制分布示意图,包括优良林分、种子园、母树林、采种林、采穗圃、保存圃、保存林、植物园、树木园等的位置图。按树种绘制种质资源分布图,标注该树种不同类型种质资源的位置,还包括县乡村行政界,村镇、林场、主要山峰位置、水陆交通线(包括河流、公路、铁路等)。

种质资源集中分布群落的位置及其界线,小面积的可不依比例示意其位置。用注记:$\frac{\text{树种(品种)—编号}}{\text{面积}}$标记到图上。

8 成果总结

8.1 普查报告

林木种质资源普查报告的编写参考附录 J,报告名称《河南省 ××××(市、县)林木种质资源普查报告》。重点分析本区域的林木种质资源多样性,突出体现地区优势和特色。对林木种质资源收集、保存和利用现状、利用潜力进行客观和综合评价。根据调查结果统计、编写树种名录和林木种质资源目录。

8.2 数据库与信息管理系统

按照国家林木种质资源数据库的要求,建立《河南省林木种质资源普查信息管理系统》。

8.3 技术资料汇集

汇集的技术资料包括以下几方面:

(1)管理与文书资料:文件、会议纪要、工作方案、技术规程、实施细则、培训照片、领导讲话、管理规章制度、技术经济责任合同等。

(2)外业调查资料:调查簿、调查记录、外业登记表、凭证标本等。

(3)图件资料:林木种质资源分布图、照片、影像。

(4)上述材料、图片和文字的电子文档。

(5)其他成果材料。

9 检查验收

9.1 检查方法

9.1.1 自查

县级调查组(队)每完成一个阶段的工作,应对清查、样方测设等调查图、外业记录资料进行全面检查,发现问题及时补充完善。县级应成立普查质量检查组,对普查工作质量进行全面自查,根据情况进行必要的现场核查。对历史有记载、本次普查未发现的树种资源以及调查记录内容不全的应进行补充调查。

9.1.2　**核查**

省、市两级林业主管部门应分别组织质量检查组，对调查工作质量进行监督核查，发现问题及时督促整改纠正或补充调查。市质量检查组对辖区内的各县（市、区）组织核查，核查数量不少于该市调查总量的10%。省质量检查组对各省辖市、省直管县（市）及专项调查组的调查结果进行抽查，抽查数量不少于该省辖市、省直管县（市）及专项调查组调查总量的5%。

9.2　检查内容

9.2.1　**调查因子正确率检查**

9.2.1.1　定量调查因子

各项定量调查因子，包括经纬度、坡度、海拔、树龄、树高、胸（地）径、冠幅、树种分布面积等，测量误差要求小于5%。误差允许范围之内者，以调查值为准；反之，则以检查值为准。

9.2.1.2　定性调查因子

各项定性调查因子定性正确，填写无误；调查技术路线的制定是否正确，制订的技术方案是否符合要求。

9.2.2　**内业资料检查**

调查表格是否齐全，项目填写是否符合要求，计算是否准确，文字资料有无错、漏、图、表、文字资料是否一致，是否随意改动外业调查的基本数据和文字资料。

9.3　质量等级评定

普查工作质量分为优秀、合格和不合格三个等级。普查工作质量等级评定表见表1。种质鉴定正确率、调查因子正确率和种质信息漏登率三项评定中，若有一项指标不合格，质量等级即判定为不合格；如三项均达到合格以上，则按最低的一项等级评定。对外业调查（包括实测与记载）达不到调查要求的，应补充调查或重新调查；数据录入不合格的，应重新录入。

表1　普查工作质量等级评定表

质量等级	优秀	合格	不合格
种质鉴定正确率	≥95%	90%～95%	<90%
调查因子正确率	≥95%	90%～95%	<90%
种质信息漏登率	<5%	5%～10%	>10%

9.4　验收

林木种质资源普查工作成果以会议形式进行验收，验收专家组人员不少于5人，会议验收前应将验收材料送专家组人员审查。验收程序主要包括普查（或专项调查）单位汇报普查（或专项调查）成果情况，质量监督核查人员发表质量检查书面意见，专家组成员各自发表审查意见,验收小组形成统一意见确定评价等次,验收小组组长宣读验收意见。验收结果评价为优秀、合格和不合格三个等级。对验收结果达不到合格要求的,应补充调查或重新调查。

附录 A
（规范性附录）
野生林木种质资源调查相关调查表

A.1　野生林木种质资源树种调查表见表 A.1。

表 A.1　野生林木种质资源树种调查表

_________市_________县_________乡(镇)_________村,小地名_________

调查人:_________　调查日期:_________　表格编号:_________

树种编号	树种名称			生活型(乔木、灌木类、藤本、竹)	分布方式(集中零星)	经度	纬度	海拔(m)	标本号	原始照片编号
	中文名	俗名	拉丁文							
…	…	…	…	…	…	…	…	…	…	…

填表说明:

1. 表格编号:外业调查阶段由各调查单位自行编号,汇总后由技术组负责统一编号。
2. 市、县、乡(镇)、村:分别填写市、县、乡(镇)、村各级行政区域的全称。
3. 小地名:要写清楚,如×××林场×××林班等。
4. 调查人:填写调查队(组)的名称或调查人员,如××县林木种质资源调查Ⅰ组。
5. 调查日期:采用年月日格式,例如 20160405。
6. 树种编号:每个树种的流水号,按顺序编号。
7. 中文名:树种的中文名称,采用树木志中的名称。
8. 俗名:树种的别名或当地的俗称。
9. 拉丁名:树种拉丁学名,由属名和种名组成,外业阶段可不填。
10. 生活型:分为乔木、灌木、藤本、竹类 4 类,选填。
11. 分布方式:分为集中、零星 2 类,选填。
12. 经纬度按照度数记载,保留 5 位小数,如 N36.252 20°。

13. 海拔：林木种质资源原产地的海拔，单位为 m。

14. 标本号：应与采集标本的编号、附录Ⅰ表Ⅰ.1 凭证标本采集记录表的编号相同。

15. 原始照片编号：每张照片都按照相同的规则编号。

A.2　野生林木种质资源样方调查表见表 A.2。

表 A.2　野生林木种质资源样方调查表

样方编号：__________样地面积：__________ m^2

__________市__________县__________乡（镇）__________村，小地名__________

经纬度：E __________ N __________海拔：__________ m

坡向：○北坡　○东北坡　○东坡　○东南坡　○南坡　○西南坡　○西坡　○西北坡

坡度：__________　坡位：○谷底　○下部　○中部　○上部　○山脊

群落类型及组成：____________________干扰程度：○无　○轻　○中　○重

郁闭度：__________灌木盖度（%）：__________草本盖度（%）：__________总盖度（%）：__________

生境：__________土壤类型：__________

调查人：__________调查日期：__________表格编号：__________

层次	植物名称		物候期	高度（m）	盖度（%）
	中文名	拉丁名			
…	…	…	…	…	…

填写说明：

1. 样方编号以市（2 位）+县（2 位）+小组（2 位）+顺序号（4 位）共 10 位数字组成。

2. 经纬度按照度数记载，保留 5 位小数，如 N36.252 20°。

3. 群落类型及组成：按乔木层优势种－灌木层优势种－草本层优势种的方式填写，如侧柏－荆条－黄背草。

4. 郁闭度：指乔木层郁闭度，以林地树冠垂直投影面积与林地面积之比，用十分数表示，完全裸露为 0，完全覆盖地面为 1，如 0.7。

5. 盖度：地上部分投影面积占地面面积的比率，乔木不填；灌木在小样方内目测，保留两位小数；优势草本目测、保留两位小数。总盖度：指植物（乔木、灌木和草本）地上部分垂直投影面积占地面面积的比率。

6. 生境：平地、沟谷、阴坡、阳坡、山脊、村边、沟（塘、湖）边、路旁等。

7. 土壤类型:按土类填写,如黄棕壤、黄褐土、棕壤、褐土、潮土、砂姜黑土、山地草甸土、沼泽土、盐碱土、水稻土、红黏土、新积土、风沙土、火山灰土、紫色土、石质土、粗骨土。

8. 层次:乔木层、灌木层、草本层、木质藤本。

9. 物候期:指调查时特征,如萌芽期、花期、果期、落叶期等。

10. 数量:乔木标明样方内的实际株树,灌木标明样方内的实际丛数,草本植物不填。

11. 高度:乔木、灌木和草本分别填写平均高度,木质藤本不填。

附录B
（资料性附录）
环境因子分类

B.1 地形因子

B.1.1 地貌，按大地形确定所在的地貌，分为中山、低山、丘陵、平原几大类。

中山：海拔为1 000~3 499 m的山地。

低山：海拔 <1 000 m的山地。

丘陵：没有明显的脉络，坡度较缓和，且相对高差小于100 m。

平原：平坦开阔，起伏很小。

B.1.2 坡向地面朝向，分为9个坡向。

北坡：方位338°~360°，0°~22°。

东北坡：方位23°~ 67°。

东坡：方位68°~112°。

东南坡：方位113°~157°。

南坡：方位158°~202°。

西南坡：方位203°~247°。

西坡：方位248°~292°。

西北坡：方位293°~337°。

无坡向：坡度<5°的地段。

B.1.3 坡位，分脊、上、中、下、谷、平地6个坡位。

脊部：山脉的分水线及其两侧各下降垂直高度15 m的范围。

上坡：从脊部以下至山谷范围内的山坡三等分后的最上等分部位。

中坡：三等分的中坡位。

下坡：三等分的下坡位。

山谷（或山洼）：汇水线两侧的谷地，若处于其他部位中出现的局部山洼，也应按山谷记载。

平地：处在平原和台地上的部位。

B.1.4 坡度：Ⅰ级为平坡<5°；Ⅱ级为缓坡5°~14°；Ⅲ级为斜坡15°~24°；Ⅳ级为陡坡25°~34°；Ⅴ级为急坡35°~44°；Ⅵ级为险坡45°以上。

B.2　土壤类型

土壤类型分为如下 17 个土类：

(1)黄棕壤：主要分布在伏牛山南坡与大别山、桐柏山海拔 1 300 m 以下的山地。

(2)黄褐土：主要分布在沙河干流以南，伏牛山、桐柏山、大别山海拔 500 m 以下的低丘、缓岗及阶地上。

(3)棕壤：主要分布在豫西北部的太行山区与豫西伏牛山区 800 ~ 1 000 m 以上的中山，以及豫南大别山、桐柏山地 1 000 m 以上。从垂直带谱看，伏北与太行山下部与褐土相连，伏南与大别桐柏山地下部与黄棕壤相连，其上部往往与山地草甸土相接。

(4)褐土：主要分布在伏牛山主脉与沙河、汾泉河一线以北、京广线以西的广大地区。

(5)潮土：主要分布在我省东部黄、淮、海冲积平原，西以京广线为界与褐土相连，另外淮河干流以南，唐、白河，伊、洛河，沁、漭河诸河流沿岸及沙河、颍河上游多呈带状小面积分布。

(6)砂姜黑土：主要分布在伏牛山、桐柏山的东部，大别山北部的淮北平原的低洼地区及南阳盆地中南部。

(7)山地草甸土：多分布在海拔 1 500 ~ 2 500 m 的中山平缓山顶，位于棕壤之上。

(8)沼泽土：主要分布在太行山东侧山前交接洼地的蝶形洼地中。

(9)盐碱土：盐碱土与盐土、碱土插花分布，主要分布豫东、豫东北黄河、卫河沿岸冲积平原上的二级坡地和一些槽形、蝶形洼地的老盐碱地上。

(10)水稻土：集中分布在淮南地区，豫西伏牛山区及豫北太行山区较大河流沿岸、峡谷、盆地及山前交接洼地，凡有水资源可灌溉者均有水稻土分布，但较零星。

(11)红黏土：主要分布在京广线以西。

(12)新积土：主要分布在河流两侧的新滩地上，经常被河流涨水时所淹没，新积土在任何气候下均可出现，故我省各地均有分布。

(13)风沙土：主要分布在黄河历代变迁的故道滩地，由主流挟带的沙质沉积物再经风力搬运而形成的，在豫北、豫东黄河故道均有分布。

(14)火山灰土：主要分布在豫西熊耳山与外方山的余脉和太行山东侧余脉低山丘陵地区。

(15)紫色土：集中分布在伏牛山南侧的低山丘陵，呈狭长的带状。

(16)石质土：在大别山、桐柏山、伏牛山等地区，可见到的无植被防护或生长稀疏植被的薄层山丘土壤。石质土多分布与母质坚实度大、山坡陡峻的花岗岩、板岩、硅质砂岩、石灰岩地区。

(17)粗骨土：在大别山、桐柏山、伏牛山等地区，可见到的无植被防护或生长稀疏植被的薄层山丘土壤。粗骨土则多分布于坡度稍缓、母质松软易碎、硬度较小的页岩、千枚岩地区。表层以岩石碎片为主。

附录 C
（规范性附录）
优良林分与优良单株调查相关调查表

C.1 优良林分样方调查表见表 C.1。

表 C.1 优良林分样方调查表

编号：

<table>
<tr><td colspan="24">样方林分因子调查</td></tr>
<tr><td colspan="16">县　　　　乡　　　　村</td><td colspan="4">小地名</td><td colspan="4"></td></tr>
<tr><td colspan="4">调查者</td><td colspan="4"></td><td colspan="4">填表人</td><td colspan="4"></td><td colspan="4">调查日期</td><td colspan="4"></td></tr>
<tr><td colspan="4">经度</td><td colspan="4"></td><td colspan="4">纬度</td><td colspan="4"></td><td colspan="4">海拔(m)</td><td colspan="4"></td></tr>
<tr><td colspan="4">坡向</td><td colspan="4"></td><td colspan="4">坡度</td><td colspan="4"></td><td colspan="4">坡位</td><td colspan="4"></td></tr>
<tr><td colspan="4">母岩母质</td><td colspan="4"></td><td colspan="4">土壤类型</td><td colspan="4"></td><td colspan="4">植被类型</td><td colspan="4"></td></tr>
<tr><td colspan="4">样方面积(m^2)</td><td colspan="4"></td><td colspan="4">目的树种名</td><td colspan="4"></td><td colspan="4">林龄(年)</td><td colspan="4"></td></tr>
<tr><td colspan="4">平均枝下高(m)</td><td colspan="4"></td><td colspan="4">平均冠幅(m)</td><td colspan="4"></td><td colspan="4">林分平均胸径(cm)</td><td colspan="4"></td></tr>
<tr><td colspan="4">平均树高(m)</td><td colspan="4"></td><td colspan="4">郁闭度</td><td colspan="4"></td><td colspan="4">密度(株/hm^2)</td><td colspan="4"></td></tr>
<tr><td colspan="4">林分面积(hm^2)</td><td colspan="4"></td><td colspan="4">每公顷蓄积量(m^3)</td><td colspan="4"></td><td colspan="8">起源：○ 天然林 ○ 人工林</td></tr>
<tr><td colspan="4">人工林种源</td><td colspan="12"></td><td colspan="2">树种组成</td><td colspan="6"></td></tr>
<tr><td colspan="4">林分健康状况</td><td colspan="12">○良 ○中 ○差</td><td colspan="2">结实情况</td><td colspan="6"></td></tr>
<tr><td colspan="24">样方每木调查</td></tr>
<tr><td colspan="3">株号</td><td colspan="3">胸径(cm)</td><td colspan="3">树高(m)</td><td colspan="3">枝下高(m)</td><td colspan="3">冠幅(m)</td><td colspan="3">树干通直度
（Ⅰ、Ⅱ、Ⅲ）</td><td colspan="3">结实情况</td><td colspan="3">其他</td></tr>
<tr><td colspan="3"></td><td colspan="3"></td><td colspan="3"></td><td colspan="3"></td><td colspan="3"></td><td colspan="3"></td><td colspan="3"></td><td colspan="3"></td></tr>
<tr><td colspan="3"></td><td colspan="3"></td><td colspan="3"></td><td colspan="3"></td><td colspan="3"></td><td colspan="3"></td><td colspan="3"></td><td colspan="3"></td></tr>
<tr><td colspan="3"></td><td colspan="3"></td><td colspan="3"></td><td colspan="3"></td><td colspan="3"></td><td colspan="3"></td><td colspan="3"></td><td colspan="3"></td></tr>
<tr><td colspan="3"></td><td colspan="3"></td><td colspan="3"></td><td colspan="3"></td><td colspan="3"></td><td colspan="3"></td><td colspan="3"></td><td colspan="3"></td></tr>
<tr><td colspan="3">…</td><td colspan="3">…</td><td colspan="3">…</td><td colspan="3">…</td><td colspan="3">…</td><td colspan="3">…</td><td colspan="3">…</td><td colspan="3">…</td></tr>
</table>

填写说明：

1. 编号：外业调查阶段由各调查单位自行编号，汇总后由技术组负责统一编号。

2. 县、乡、村:分别填写县、乡、村各级行政区域的全称。

3. 小地名:填写调查的具体地点,如×××林场等。

4. 调查者:填写调查队(组)的名称或调查人员,如××县林木种质资源调查I组。

5. 填表人:填写调查填表人员的姓名。

6. 调查日期:采用年月日格式,例如20160405。

7. 经纬度按照度数记载,保留5位小数,如N36.252 20°。

8. 海拔:林木种质资源原产地的海拔高度,单位为m。

9. 坡向:分为东、西、南、北、东南、东北、西南、西北、无。

10. 坡度:可采用测高仪实测,单位为"度"。

11. 坡位:分为山脊、上坡、中坡、下坡、山谷、平地。

12. 母岩母质:填写优良林分林地母岩母质,如石灰岩。

13. 土壤类型:按土类填写,如黄棕壤、黄褐土、棕壤、褐土、潮土、砂姜黑土、山地草甸土、沼泽土、盐碱土、水稻土、红黏土、新积土、风沙土、火山灰土、紫色土、石质土、粗骨土。

14. 植被类型:填写具体的森林植被类型,如松栎针阔混交林等。

15. 目的树种名:填写优良林分的树种名。

16. 林龄(年):根据造林资料填写人工林优良林分的年龄,估测天然林优良林分的年龄。

17. 平均枝下高:根据每木调查数据求算平均值。

18. 平均冠幅:根据每木调查数据求算平均值。

19. 林分平均胸径:根据每木调查数据求算平均值。

20. 平均树高:根据每木调查数据求算平均值。

21. 林分郁闭度:指乔木层郁闭度,以林地树冠垂直投影面积与林地面积之比,用十分数表示,完全裸露为0,完全覆盖地面为1,如0.7。

22. 密度(株/hm^2):实测。

23. 林分面积:实测或估测优良林分的面积。

24. 每公顷蓄积量:根据平均胸径和平均树高求算。

25. 起源:分天然林、人工林2类,选填。

26. 人工林种源:如为人工林优良林分,根据造林资料调查该林分的种源。

27. 树种组成:优良林分的树种组成比例。

28. 林分健康状况:根据物种丰富度、群落结构、生长状况、更新状况、病虫害程度等综合评价,林分健康状况填写良、中、差。

29. 结实情况:描述优良林分结实情况, 分为无、多、正常、少量。

30. 株号:按调查顺序编写。

31. 胸径:使用测树尺测量,乔木量胸径,灌木、藤本量地径,单位为cm,精确到整数。

32. 树高:用测高仪(或激光测距测高仪)实测,精确至1 m。

33. 枝下高:测量从地面到树木主干上最低分枝的高度。

34. 冠幅:使用皮尺分东西、南北两个方向量测,以树冠垂直投影确定冠幅宽度,然后计算两个方向宽度的算数平均数,单位为m,精确到整数。

35. 树干通直度：目测。通直度在种源林中采用三级目测评分法，即树干地上 6 m 区，Ⅰ级——通直无弯曲；Ⅱ级——略有一个明显的弯曲；Ⅲ级——有两个或两个以上弯曲。

36. 结实情况：描述单株的结实情况，分为无、多、正常、少量。

37. 其他：填写其他有价值的信息。

C.2　优良单株调查表见表 C.2。

表 C.2　优良单株调查表

编号：

<table>
<tr><td colspan="4">县　　　乡　　　村</td><td>小地名</td><td></td></tr>
<tr><td>调查者</td><td></td><td>填表人</td><td></td><td>调查日期</td><td></td></tr>
<tr><td>种(变种)
中文名</td><td></td><td>属中文名</td><td></td><td>科中文名</td><td></td></tr>
<tr><td>种(变种)
拉丁名</td><td></td><td>属拉丁名</td><td></td><td>科拉丁名</td><td></td></tr>
<tr><td>经度</td><td></td><td>纬度</td><td></td><td>海拔(m)</td><td></td></tr>
<tr><td>坡向</td><td></td><td>坡位</td><td></td><td>坡度</td><td></td></tr>
<tr><td>树高(m)</td><td></td><td>胸径(cm)</td><td></td><td>冠幅(m)</td><td></td></tr>
<tr><td>枝下高(m)</td><td></td><td>单株立木蓄积
(m^3)
或单株产量(kg)</td><td></td><td>土壤类型</td><td></td></tr>
<tr><td>起源：</td><td colspan="2">○ 天然生长　○ 人工栽培</td><td>人工栽培种源</td><td colspan="2"></td></tr>
<tr><td>树种组成</td><td colspan="2"></td><td>结实情况</td><td colspan="2"></td></tr>
<tr><td>优良单株
重要特征
描述</td><td colspan="5">(描述特殊形态特征、重要经济性状)</td></tr>
<tr><td>照片编号</td><td colspan="4"></td><td></td></tr>
<tr><td>备注</td><td colspan="5"></td></tr>
</table>

填写说明：

1. 编号：外业调查阶段由各调查单位自行编号，汇总后由技术组统一编号，或由系统生成资源编号。

2. 县、乡、村：分别填写县、乡、村各级行政区域的全称。

3. 小地名：填写调查的具体地点，如×××林场等。

4. 调查者：填写调查队（组）的名称或调查人员，如××县林木种质资源调查Ⅰ组。

5. 填表人：填写调查填表人员的姓名。

6. 调查日期：采用年月日格式，例如20160405。

7. 种（变种）中文名：植物分类学上的中文种名。统一选用《中国植物志》及其所采用的恩格勒分类系统的种名（下同）。示例：油松。

8. 种（变种）拉丁名：树种在植物分类学上的拉丁文，示例：*Pinus tabuliformis*，外业阶段可不填。

9. 属中文名：树种在植物分类学上的中文属名。示例：松属。

10. 属拉丁名：树种在植物分类学上的拉丁文属名。示例：*Pinus*，外业阶段可不填。

11. 科中文名：树种在植物分类学上的中文科名。示例：松科。

12. 科拉丁名：树种在植物分类学上的拉丁文科名。示例：*Pinaceae*，外业阶段可不填。

13. 经纬度按照度数记载，保留5位小数，如N36.252 20°。

14. 海拔：古树、名木、优良单株所在地的海拔，单位为m。

15. 坡向：分为东、西、南、北、东南、东北、西南、西北、无。

16. 坡位：分为山脊、上坡、中坡、下坡、山谷、平地。

17. 坡度：可采用测高仪实测，单位为“度”。

18. 树高：用测高仪实测，精确至1 m。

19. 胸径：乔木量胸径，灌木、藤本量地径，单位为cm，精确到整数。

20. 冠幅：按东西、南北两个垂直方向测量树冠垂直投影的宽度，然后取平均值，单位为m，精确到整数。

21. 枝下高：测量从地面到树木主干上最低分枝的高度。

22. 单株立木蓄积或单株产量：用材树种根据树高、胸径求算单株立木蓄积；经济林树种实测单株产量。

23. 土壤类型：按土类填写，如黄棕壤、黄褐土、棕壤、褐土、潮土、砂姜黑土、山地草甸土、沼泽土、盐碱土、水稻土、红黏土、新积土、风沙土、火山灰土、紫色土、石质土、粗骨土。

24. 优良单株重要特征描述：包括特异性状，优树的优良性状描述。

25. 结实情况：描述单株的结实情况，分为无、多、正常、少量。

26. 照片编号：填写资源对应的照片编号，外业调查填写相机存储的临时编号，内业及时整理。

27. 备注：填写其他需要说明的事项。

附录 D
（资料性附录）
优良单株选择常用方法

D.1 优势木对比法

优势木对比法又称三株优势木对比法或五株优势木对比法，以候选优树为中心，在立地条件相对一致的 10 ~ 15 m 半径范围内（其中包括 30 株以上的树木），选出仅次于候选优树的 3 ~ 5 株优势木，实测候选优树和优势木的树高、胸径，并计算材积，求出优势木各项指标的平均值，与候选优树进行比较，若候选优树生长指标超过规定标准即可入选。否则，予以淘汰。该法一般在人工林或年龄结构较一致的天然林中使用，多用于林分内选优树。候选优树与对比树生长量对比记录表见表 D.1。

表 D.1　候选优树与对比树生长量对比记录表

项目		胸径（cm）	树高（m）	单株材积（m^3）	对比结果	
					优树 > 对比树	
优树					胸径	%
对比树	1				树高	%
	2				材积	%
	3				优树年平均生长量	
	4				胸径	cm
	5				树高	m
平均					材积	m^3

D.2 小样地法

以候选树为中心的一定范围内（如 500 m^2），规划包括 40 ~ 60 株林木的林地作为小样地，把候选树与小样地内的林木按优树标准项目逐项观测评定，当候选树达到样地林木平均值规定标准时定为优树。

D.3 丰产树比较法

以候选优树为中心，在树龄、立地条件和抚育管理措施等一致的条件下，在 10 ~ 15 m 半径范围内，选择 3 株仅次于候选优树的结果量多、品质好、无病虫害的对比树，测量其单株产量，若候选优树单株产量高于对比树单株平均产量 30% 以上，可选为优树。此法主要应用于经济林树种选择优良单株、优良类型和优良品系。候选优树与丰产树对比记录表见表 D.2。

表 D.2 候选优树与丰产树对比记录表

项目		树高(m)	胸/地径(cm)	冠幅(m)	目的产物产量(kg)	出籽率(%)	含油率(%)	平均单果鲜重(g)	病虫害情况	…
优树										
丰产树	1									
	2									
	3									
	平均									
结果比较:优树单株产量 > 丰产树平均产量　　　%。 其他:										

D.4 行道树选优

在防护林带和行道树中选优采用此法。以候选优树为中心,在其两侧各测 5 ~ 10 株树木的树高、胸径,计算平均值并与候选优树进行比较,达到标准的定为优树。

D.5 散生木选优

散生木因不易找对比树,选择时多以形质指标为主,同时考虑并比较其年生长量(测量树高、胸径,并计算材积),确定是否入选。散生木候选优树应是实生起源、树龄 10 ~ 30 年生;还应注意其周围(半径 10 m 以内)的立地条件和栽培措施,不应有粪坑、猪圈、河流等特殊优越的土壤水肥环境,其土壤条件应具有一定的代表性。

D.6 特异植株选择

对于某些具有特异形状,其表现超出正常范围且稳定的树木,可不受林分起源、分布状况等限制,只要有超常规的特殊表现均可选择。按以下 6 种目标进行选择:

(1)抗病虫害。对成灾病虫、专食性害虫、专主寄生病中具有明显抗性的单株。

(2)抗逆性强。在同种树种中特别抗盐碱、抗干旱、抗低温、耐瘠薄、耐水湿的单株,抗污染(工业废水、废气、粉尘等)能力特强的植株。

(3)生长性状特异植物。高或径生长特快的植株;大冠树种中树冠狭窄,平顶树中的主干明显者;雌雄异株或同株树种中的相反花型株;无性繁殖困难树种中的易生根株;多籽树种中的无花或无籽株;芽、叶、枝条、花序、花型、花色、果型异常而稳定的植株;矮生、花蜜腺丰富、香味浓郁的植株。

(4)物候异常的植株。比同种树种中发芽、开花、结实、落叶等物候期提前或推后明显,花期特长者。

(5)具有性状变异的植株或芽变。

(6)叶、花、果、木材、树皮、根皮、分泌物、内含物等有特殊利用价值的树木。

附录 E
（规范性附录）
栽培利用林木种质资源调查相关调查表

E.1 集中栽培树种(品种)调查表见表 E.1。

表 E.1 栽培树种(品种)调查表

调查单位： 编号：

<table>
<tr><td rowspan="3">种质名称</td><td>中文名</td><td></td><td>俗名</td><td></td><td>照片编号</td><td></td></tr>
<tr><td>拉丁名</td><td colspan="3"></td><td>来源</td><td></td></tr>
<tr><td colspan="4">科 属 种(品种)</td><td>树龄(年)</td><td></td></tr>
<tr><td rowspan="2">地点</td><td colspan="6">县 乡(镇) 村(居委会) 组(号)</td></tr>
<tr><td>小地名</td><td colspan="2"></td><td>GPS 定位</td><td colspan="2">E： N：</td></tr>
<tr><td colspan="2">种群面积(亩)</td><td></td><td>繁殖方法</td><td colspan="3">①种子繁殖;②扦插;③嫁接;
④组培;⑤其他</td></tr>
<tr><td colspan="2">选育方式及系谱</td><td colspan="2"></td><td colspan="3">所有者:①国有;②集体;③个人</td></tr>
<tr><td rowspan="3">立地条件</td><td colspan="6">海拔： m; 坡向： ; 坡度： 度; 坡位：</td></tr>
<tr><td colspan="6">土壤类型： 土壤厚度： cm</td></tr>
<tr><td colspan="6">肥力状况:①肥沃;②中等;③贫瘠</td></tr>
<tr><td rowspan="3">生长状况</td><td colspan="6">生长势 :①旺盛;②一般; ③较差; ④濒死</td></tr>
<tr><td colspan="6">开花(结实)状况:①多;②正常;③很少;④无</td></tr>
<tr><td colspan="4">病虫害情况:①无;②轻;③重;</td><td colspan="2">病虫害种类：</td></tr>
<tr><td>适应性评价</td><td colspan="6">抗寒性:①强 ②中③弱;
抗旱性:①强②中③弱;
抗病性:①强 ②中 ③弱;
抗虫性:①强②中③弱;
抗盐碱性:①强②中③弱</td></tr>
<tr><td>综合评价</td><td colspan="6"></td></tr>
</table>

调查人:__________;调查日期:__________年__________月__________日;审核人:__________

填写说明

1. 栽培面积667 m² 以上连片的树种(品种)填此表。

2. 编号:以市(2位)+县(2位)+小组(2位)+顺序号(4位)共10位数字组成。

3. 选育方式及系谱:选育方式包括选择育种(含种源选择、林分选择、优树选择、无性系选择),引种驯化,杂交育种,多倍体育种,辐射育种,分子育种等。系谱亦称家系,是指同一植株(或无性系)的自由授粉子代,或双亲控制授粉生产的子代总和。

4. 土壤类型:按土类填写,如黄棕壤、黄褐土、棕壤、褐土、潮土、砂姜黑土、山地草甸土、沼泽土、盐碱土、水稻土、红黏土、新积土、风沙土、火山灰土、紫色土、石质土、粗骨土。

5. 综合评价:用材树种主要是木材产量和质量性状及适应性、抗病虫害性的表现;生态树种主要是适应性、抗逆性及生长、改良土壤等性状的表现;绿化观赏树种侧重于观赏性状、抗污染性、抗逆性及生长性状的表现;经济林树种主要是果实经济性状:平均单果重,单株产量和推算出单位面积产量,果实品质,成分含量、贮藏性能、加工性能等。

E.2　城镇绿化树种(品种)调查表见表E.2。

表E.2　城镇绿化树种(品种)调查表

____________市____________县(市、区)____________乡(镇)

单位(小区、广场、道路等):____________面积:____________(亩)

纬度:E　　　　　N　　　　　海拔:　　　　　m

调查人:　　　　　日期:　　　　　编号:

树种编号	树种名称			种植方式(孤植、丛植、片植、林植、行道树、混合种植)	物候期	适应性	照片编号
	中文名	俗名	拉丁名				
…	…	…	…	…	…	…	…

填表说明:

1. 城镇绿化树种填写此表。

2. 单位指公园、广场、街头绿地、小区、道路绿化等。

3. 种植方式:指园林绿化树木种植(配置)方式。树木单独栽植的孤立木为孤植;同一树种2~10株成丛状栽植为丛植;同一树种11~30株树木成片种植的为片植;同一树种30株以上成树林状种植的为林植;同一树种在道路两侧一至多行配植的为行道树;多种树种混合种植的为混合种植。

4. 物候期:指调查时特征,如萌芽期、花期、果期、落叶期等。

5. 适应性:根据树木的生长情况确定其适应性等级,分为适应、较适应、一般、较差、不适应五级。

E.3　非城镇“四旁”树种调查表见表 E.3。

表 E.3　非城镇“四旁”树种调查表

市　　　　县(市、区)　　　　乡(镇)　　　　村　　　　小组

GPS 定位：E　　　　N　　　　编号：

调查人：　　　　日期：　　　　审核人：

序号	树种(品种)名称		数量(株、丛)	照片编号
	中文名	拉丁名		
…	…	…	…	…

填表说明：

1. 非城镇“四旁”绿化树种填写此表。
2. 以自然村为单位进行调查。
3. 树种(品种)名称：可以调查到树种，如果品种清楚应调查到品种。
4. 数量(株、丛)：指自然村范围内树种数量。乔木树种单位为株，灌木树种单位为丛。

附录 F
(规范性附录)
重点保护和珍稀濒危树种与古树名木调查相关调查表

F.1　重点保护和珍稀濒危树种调查表见表 F.1。

表 F.1　重点保护和珍稀濒危树种调查表

调查单位:　　　　　　　　　　　　　　　　　　　　　　　　　编号:

调查地点	县　　　乡　　　(镇)村				样地编号	
小地名					照片编号	
树木名称	中文名				科名	
	拉丁名				属名	
GPS 定位	E		N		树龄	
种群数量	①1~10; ②11~50; ③51~100; ④101~1 000; ⑤>1 000					
分布方式	①集中分布;②片状分布;③散生;④零星分布; ⑤单株分布					
生长环境	①平地; ②沟谷; ③阴坡 ;④阳坡; ⑤山脊; ⑥沟(塘、湖)边 ;⑦路旁					
伴生植物	乔木:					
	灌木:					
	草本:					
生长性状	最大株:树高　　m; 枝下高　　m; 胸径　　cm; 冠幅:东西　　m; 南北　　m					
	平均树高　　m;平均枝下高　　m;平均胸径　　cm					
	生长势:①旺盛; ②一般; ③较差; ④濒死					
立地条件	海拔:　　m; 坡向:　　; 坡度:　　度; 坡位:　　部					
	土壤类型:　　　土壤厚度:　　cm; 肥力状况:①肥沃;②中等; ③贫瘠					
花果期	花期:　　　种子(果实)　　　成熟期:					
病虫害情况	① 有(严重, 轻度,主要种类:　　　　);②无					
自然更新	①好; ②中; ③差;④无				人为活动	①频繁; ②不频繁
受威胁状态	①严重; ②一般; ③未受威胁; ④其他:					
可利用状况	①材用; ②防护; ③观赏; ④药用; ⑤果用;⑥其他:					

调查人:__________;调查日期:________年________月________日;审核人:__________

F.2　古树名木调查表见表 F.2。

表 F.2　古树名木调查表

调查单位：　　　　　　　　　　　　　　　　　　　　　　　　编号：

县　　　乡　　　村				小地名	
调查者		填表人		调查日期	
种(变种) 中文名		属中文名		科中文名	
种(变种) 拉丁名		属拉丁名		科拉丁名	
资源类别	○ 古树　○ 名木				
经度		纬度		海拔(m)	
坡向		坡位		坡度	
树高(m)		胸径(cm)		冠幅(m)	
传说年龄(年)		估测年龄(年)		实际年龄(年)	
生长势	○旺盛○一般○较差○濒死○死亡		频度	○ 多 ○ 中 ○ 少	
古树名木重 要特征描述					
古树历史传说 或名木来历					
保护措施	○ 挂牌保护 ○ 未挂牌保护	是否落实 专人管护	○ 是 ○ 否	原挂牌编号	
管护单位或个人					
存在问题					
建议					
照片编号		拍摄者		拍摄日期	
备注					

调查人：＿＿＿＿＿；调查日期：＿＿＿＿年＿＿＿＿月＿＿＿＿日；审核人：＿＿＿＿＿

填表说明：

1. 编号：外业调查阶段由各调查单位自行编号，汇总后由技术组统一编号，或由系统生成资源编号。

2. 县、乡、村：分别填写县、乡、村各级行政区域的全称。

3. 小地名：填写调查的具体地点，如×××林场等。

4. 调查者：填写调查队(组)的名称或调查人员，如××县林木种质资源调查Ⅰ组。

5. 填表人：填写调查填表人员的姓名。

6. 调查时间：采用年月日格式，例如 20160405。

7. 种(变种)中文名：植物分类学上的中文种名。统一选用《中国植物志》及其所采用的恩格勒分类系统的种名(下同)。示例：油松。

8. 种(变种)拉丁名：树种在植物分类学上的拉丁文，示例：*Pinus tabuliformis*，外业阶段可不填。

9. 属中文名：树种在植物分类学上的中文属名。示例：松属。

10. 属拉丁名:树种在植物分类学上的拉丁文属名。示例:*Pinus*,外业阶段可不填。

11. 科中文名:树种在植物分类学上的中文科名。示例:松科。

12. 科拉丁名:树种在植物分类学上的拉丁文科名。示例:*Pinaceae*,外业阶段可不填。

13. 资源类别:分为古树、名木两种类型,打"√"表示。

14. 经纬度按照度数记载,保留 5 位小数,如 N36.252 20°。

15. 海拔:古树、名木所在地的海拔高度,单位为 m。

16. 坡向:分为东、西、南、北、东南、东北、西南、西北、无。

17. 坡位:分为山脊、上坡、中坡、下坡、山谷、平地。

18. 坡度:可采用测高仪实测,单位为"度"。

19. 树高:用测高仪实测,精确至 1 m。

20. 胸径:乔木量胸径,灌木、藤本量地径,单位为"cm",精确到整数。

21. 冠幅:按东西、南北两个垂直方向测量树冠垂直投影的宽度,然后取平均值,单位为 m,精确到整数。

22. 传说年龄:有传说,无据可依的作"传说年龄"。

23. 估测年龄:估测前要认真走访,根据不同树种的年平均生长量估计。有传说年龄的,可同时填写估测年龄。

24. 实际年龄:凡是有文献、史料及传说有据的可视作真实年龄。

25. 生长势:根据树木的生长情况确定其生长势等级,分旺盛、一般、较差、濒死、死亡等五级,打"√"表示。死亡古树不进行全县统一编号,但要填写调查号。

26. 频度:根据当地资源量选填多、中、少。

27. 古树名木重要特征描述:包括特异性状、特殊性状描述,如树体连生、基部分杈、雷击断梢、干腐、根腐等,如有严重病虫害,简要描述种类及发病状况。

28. 古树历史传说或名木来历:简明记载群众中或历史上流传的对该树的各种神奇故事,以及与其有关的名人轶事和特异性状的传说等。字数多的可以记在该树卡片的背后,字数在 300 字以内。

29. 保护措施:分挂牌保护、未挂牌保护,打"√"表示。

30. 是否落实专人管护:打"√"表示。

31. 管护单位或个人:根据调查情况,如实填写具体负责管护古树名木的单位或个人。无单位或个人管护的,要说明。

32. 原挂牌编号:填写古树、名木、优良单位的原始编号。

33. 存在问题:提出主要针对该树保护中存在的主要问题,包括周围环境不利因素。

34. 建议:简要提出今后保护对策建议。

35. 照片编号:填写资源对应的照片编号,外业调查填写相机存储的临时编号,内业及时整理。

36. 拍摄者:照片的拍摄人员。

37. 拍摄日期:照片的拍摄日期。

38. 备注:填写其他需要说明的事项。

F.3 古树群调查表见表 F.3。

表 F.3 古树群调查表

调查单位: 编号:

地点	县 乡 村			小地名	
经度		纬度		海拔(m)	
坡向		坡位		坡度	
古树群 古树株数		古树群面积 (hm^2)		所属单位性质	○村镇 ○单位庭院 ○个人庭院 ○寺庙 ○其他
树种 1:种 (变种)中文名		树种 1: 属中文名		树种 1: 科中文名	
树种 1:种 (变种)拉丁名		树种 1: 属拉丁名		树种 1: 科拉丁名	
平均树高(m)		平均胸径(cm)		平均冠幅	
平均年龄(年)		生长势	○旺盛○一般○较差○濒死○死亡		
树种 2:种 (变种)中文名		树种 2: 属中文名		树种 2: 科中文名	
树种 2:种 (变种)拉丁名		树种 2: 属拉丁名		树种 2: 科拉丁名	
平均树高(m)		平均胸径(cm)		平均冠幅	
平均年龄(年)		生长势	○旺盛○一般○较差○濒死○死亡		
树种 3:种 (变种)中文名		树种 3: 属中文名		树种 3: 科中文名	
树种 3:种 (变种)拉丁名		树种 3: 属拉丁名		树种 3: 科拉丁名	
平均树高(m)		平均胸径(cm)		平均冠幅	
平均年龄(年)		生长势	○旺盛○一般○较差○濒死○死亡		
其他树种					
平均树高(m)		平均胸径(cm)		平均冠幅(m)	
平均年龄(年)		生长势	○旺盛 ○一般 ○较差 ○濒死 ○死亡		
其他树种					
古树群重要 特征描述					
古树群历史 传说或来历					
管护单位或个人					
存在问题					
建议					
照片编号		拍摄者		拍摄日期	
备注					

调查人:__________;调查日期:________年________月________日;审核人:__________

填写说明：

1. 编号：外业调查阶段由各调查单位自行编号，汇总后由技术组统一编号，或由系统生成资源编号。

2. 县、乡、村：分别填写县、乡、村各级行政区域的全称。

3. 小地名：填写调查的具体地点，如×××林场等。

4. 调查人：填写调查队(组)的名称或调查人员，如××县林木种质资源调查Ⅰ组。

5. 调查日期：采用年月日格式，例如20160405。

6. 经纬度：按照度数记载，保留5位小数，如N36.252 20°。

7. 海拔：古树群所在地的海拔高度，单位为m。

8. 坡向：分为东、西、南、北、东南、东北、西南、西北、无。

9. 坡位：分为山脊、上坡、中坡、下坡、山谷、平地。

10. 坡度：可采用测高仪实测，单位为"度"。

11. 古树群古树株数：该群古树的株数。

12. 古树群面积：该群古树占地面积。

13. 所属单位性质：该树单位所在地或权属单位的性质，选择村镇、单位庭院、个人庭院、寺庙、其他填写。

14. 树种1：种(变种)中文名：该群古树数量最多的树种在植物分类学上的中文种名。统一选用《中国植物志》及其所采用的恩格勒分类系统的种名(下同)。示例：油松。

15. 树种1：种(变种)拉丁名：该群古树数量最多的树种在植物分类学上的拉丁文，示例：*Pinus tabuliformis*，外业阶段可不填。

16. 树种1：属中文名：该群古树数量最多的树种在植物分类学上的中文属名。示例：松属。

17. 树种1：属拉丁名：该群古树数量最多的树种在植物分类学上的拉丁文属名。示例：*Pinus*，外业阶段可不填。

18. 树种1：科中文名：该群古树数量最多的树种在植物分类学上的中文科名。示例：松科。

19. 树种1：科拉丁名：该群古树数量最多的树种在植物分类学上的拉丁文科名。示例：*Pinaceae*，外业阶段可不填。

20. 树种2：种(变种)中文名：该群古树数量第二位的树种在植物分类学上的中文种名。统一选用《中国植物志》及其所采用的恩格勒分类系统的种名(下同)。示例：油松。

21. 树种2：种(变种)拉丁名：该群古树数量第二位的树种在植物分类学上的拉丁文，示例：*Pinus tabuliformis*，外业阶段可不填。

22. 树种2：属中文名：该群古树数量第二位的树种在植物分类学上的中文属名。示例：松属。

23. 树种2：属拉丁名：该群古树数量第二位的树种在植物分类学上的拉丁文属名。示例 *Pinus*，外业阶段可不填。

24. 树种2：科中文名：该群古树数量第二位的树种在植物分类学上的中文科名。示例：松科。

25. 树种 2:科拉丁名:该群古树数量第二位的树种在植物分类学上的拉丁文科名。示例:*Pinaceae*,外业阶段可不填。

26. 其他树种:该群古树种其他树种、中文名和拉丁名。

27. 平均树高:分别实测或估测该群古树中树种 1、树种 2、树种 3 的平均树高,精确至 1 m。

28. 平均胸径:分别实测该群古树中树种 1、树种 2、树种 3 的平均胸径,单位为 cm,精确到整数。

29. 平均冠幅:按东西、南北两个垂直方向测量树冠垂直投影的宽度,然后取平均值,单位为"m",精确到整数。

30. 平均年龄:根据文献、史料、走访、实测等方式确定该古树群中树种 1、树种 2、树种 3 的平均年龄。

31. 生长势:根据树木的生长情况确定其生长势等级,分旺盛、一般、较差、濒死、死亡等五级,打"√"表示。死亡古树不进行全县统一编号,但要填写调查号。

32. 古树群重要特征描述:包括奇特、怪异性状,特殊性状描述,如树体连生、基部分杈、雷击断梢、干腐、根腐等,如有严重病虫害,简要描述种类及发病状况。

33. 古树群历史传说或来历:简明记载群众中或历史上流传的对该古树群的各种传说故事,以及与其有关的名人轶事和特异性状的传说等。字数多的可以记在该树卡片的背后,字数在 300 字以内。

34. 管护单位或个人:根据调查情况,如实填写具体负责管护古树名木的单位或个人。无单位或个人管护的,要说明。

35. 存在问题:提出主要针对该古树群保护中存在的主要问题,包括周围环境不利因素。

36. 建议:简要提出今后保护对策建议。

37. 照片编号:填写资源对应的照片编号,外业调查填写相机存储的临时编号,内业及时整理。

38. 拍摄者:照片的拍摄人员。

39. 拍摄日期:照片的拍摄日期。

40. 备注:填写其他需要说明的事项。

附录 G
(规范性附录)
新引进和新选育林木种质资源调查相关调查表

G.1 新引进树种(品种)调查表见表 G.1。

表 G.1 新引进树种(品种)调查表

市　　　　县(市、区)　　　调查单位:　　　　　　　编号:

中文名			拉丁名	
科	属	种(品种)	照片编号	
引种来源地			引种单位	
引种材料种类			引进时间	
现栽培地点条件	地理位置	海拔　　m;坡向　　;坡度		
	气候	年均气温:　　℃;年降雨量:　　mm;年蒸发量:　　mm;无霜期:　　天		
	土壤	土壤类型:　　厚度:　　cm;pH:　　;肥力:①肥沃②中等③贫瘠		
引种驯化方式			树龄(年)	
主要试验地区				
试验面积(亩)			鉴定(验收)时间	
提供品种单位				
生长性状	平均树高:　　m,枝下高:　　m;平均胸径:　　cm			
	冠幅:东西　　m;南北　　m			
生长状况	生长势 :①旺盛;②一般;③较差;④濒死			
	开花(结实)状况:①多;②正常;③很少;④无;⑤其他			
果实状况	形状:　　颜色:　　品质:			
观赏价值	①观果;②观叶;③观花;④其他			
适应性评价	抗寒性:①强②中③弱;　抗旱性:①强②中③弱; 抗病性:①强②中③弱; 抗虫性:①强②中③弱;　抗盐碱性:①强②中③弱			
繁殖方法	①种子繁殖;②扦插;③嫁接;④组培;⑤其他			
突出优点				
存在问题				
用途				

调查人:________;调查日期:______年______月______日;审核人:________

填写说明：

1. 本表用于新引进、引种驯化试验基本结束或已经通过技术鉴定，尚未审定和推广的树种品种。

2. 用途：材用、生态、观赏、化工原料、药用、食用等。

3. 编号：以市(2位)+县(2位)+小组(2位)+顺序号(4位)共10位数字组成。

4. 土壤类型：按土类填写，如黄棕壤、黄褐土、棕壤、褐土、潮土、砂姜黑土、山地草甸土、沼泽土、盐碱土、水稻土、红黏土、新积土、风沙土、火山灰土、紫色土、石质土、粗骨土。

G.2　新选育品种调查表见表G.2。

表G.2　新选育品种调查表

市　　　　县(市、区)　　调查单位：　　　　　编号：

中文名		拉丁名	
科　　属　　种(品种)		照片编号	
选育单位			
亲本来源			
现栽培地点条件	地理位置	海拔：　m；坡向：　坡度：	
	气候	年均气温：　℃；年降雨量：　mm； 年蒸发量：　mm；无霜期：　天	
	土壤	土壤类型：　厚度：　cm； pH：　肥力：①肥沃；②中等；③贫瘠	
选育方式		树龄	
主要试验地区			
试验面积(亩)		鉴定(验收)时间	
提供品种单位			
生长性状	(平均)树高：　m；枝下高：　m；(平均)胸径：　cm		
	冠幅：东西　m；南北　m		
生长状况	生长势：①旺盛；②一般；③较差；④濒死		
	开花(结实)状况：①多；②正常；③很少；④无；⑤其他		
果实状况	形状：　颜色：　品质：		
观赏价值	①观果；②观叶；③观花；④其他		
适应性评价	抗寒性：①强②中③弱；抗旱性：①强②中③弱； 抗病性：①强②中③弱； 抗虫性：①强②中③弱；抗盐碱性：①强②中③弱		
繁殖方法	①种子繁殖；②扦插繁殖；③嫁接繁殖；④组培；⑤其他		
突出优点			
存在问题			
用途			

调查人：＿＿＿＿＿；调查日期：＿＿＿＿年＿＿＿＿月＿＿＿＿日；审核人：＿＿＿＿＿

填写说明：

1. 本表用于新选育、试验阶段基本结束或已经通过技术鉴定，尚未审定和推广的树种品种。

2. 用途：材用、生态、观赏、化工原料、药用、食用等。

3. 编号：以市(2 位) + 县(2 位) + 小组(2 位) + 顺序号(4 位)共 10 位数字组成。

4. 土壤类型：按土类填写，如黄棕壤、黄褐土、棕壤、褐土、潮土、砂姜黑土、山地草甸土、沼泽土、盐碱土、水稻土、红黏土、新积土、风沙土、火山灰土、紫色土、石质土、粗骨土。

附录 H
（规范性附录）
收集保存林木种质资源调查表

H.1　收集保存林木种质资源调查表见表 H.1。

表 H.1　收集保存林木种质资源调查表

市　　　　　　县（市、区）　调查单位：　　　　　　编号：

<table>
<tr><td>种质名称</td><td></td><td>种名</td><td></td><td>种拉丁名</td><td colspan="3"></td></tr>
<tr><td>属中文名</td><td></td><td>属拉丁名</td><td></td><td>科中文名</td><td></td><td>科拉丁名</td><td></td></tr>
<tr><td>树种类别</td><td colspan="7">○国家Ⅰ级重点保护植物 ○国家Ⅱ级重点保护植物 ○省级重点保护植物
○我国特有树种 ○国外引进树种 ○其他树种</td></tr>
<tr><td>生活型</td><td colspan="2">○乔木 ○灌木 ○藤本
○竹类 ○其他</td><td>常绿性</td><td colspan="4">○常绿 ○落叶 ○半常绿</td></tr>
<tr><td>保存方式</td><td colspan="2">○原地保存 ○异地保存
○设施保存 ○未保存</td><td>保存场所</td><td colspan="4">○种子园 ○采穗圃 ○母树林 ○采种林
○试验林 ○植物园 ○树木园
○保存林（圃）○种子库 ○其他</td></tr>
<tr><td>资源类型</td><td colspan="7">○群体（种源、林分）○家系 ○个体（优树、无性系）
○地方品种 ○选育品种 ○育种材料 ○其他</td></tr>
<tr><td>主要特性</td><td colspan="7">○高产 ○优质 ○抗病 ○抗虫 ○抗逆 ○高效 ○其他</td></tr>
<tr><td>主要用途</td><td colspan="7">○材用 ○食用 ○药用 ○防护 ○观赏 ○其他</td></tr>
<tr><td>生长习性</td><td colspan="3"></td><td>开花结实特性</td><td colspan="3"></td></tr>
<tr><td>具体用途</td><td colspan="3"></td><td>观测地点</td><td colspan="3"></td></tr>
<tr><td>特征特性</td><td colspan="7"></td></tr>
<tr><td>更新方式</td><td colspan="7">○有性繁殖（种子繁殖、胎生繁殖）○无性繁殖（根繁、分蘖繁殖等）</td></tr>
<tr><td>保存地海拔（m）</td><td></td><td>保存地经度</td><td></td><td>保存地纬度</td><td colspan="3"></td></tr>
<tr><td>保存地年均温度（℃）</td><td></td><td>保存地年均降水量（mm）</td><td></td><td>土壤类型</td><td colspan="3"></td></tr>
<tr><td>土壤质地</td><td></td><td>pH</td><td></td><td>结实和产穗情况</td><td colspan="3"></td></tr>
<tr><td>所属单位</td><td colspan="3"></td><td>种植日期</td><td></td><td>所处场所面积或库容</td><td></td></tr>
<tr><td>繁殖材料</td><td colspan="7">○ 植株 ○ 种子 ○ 营养器官（穗条、块根、根穗、根鞭等）
○ 花粉 ○ 培养物（组培材料）○ 其他</td></tr>
<tr><td>图像编号</td><td colspan="7"></td></tr>
</table>

调查人：__________；调查日期：________年________月________日；审核人：__________

填表说明：

1. 种质名称：每份林木种质资源的中文名称，示例：杉木融水种源、毛白杨 001 无性系、金枝槐等。

2. 种中文名:种质资源在植物分类学上的中文种名或亚种名。统一选用《中国植物志》及其所采用的恩格勒分类系统的种名(下同)。示例:油松。

3. 种拉丁名:种质资源在植物分类学上的拉丁文,示例:*Pinus tabuliformis*,外业阶段可不填。

4. 属中文名:种质资源在植物分类学上的中文属名。示例:松属。

5. 属拉丁名:种质资源在植物分类学上的拉丁文属名。示例:*Pinus*,外业阶段可不填。

6. 科中文名:种质资源在植物分类学上的中文科名。示例:松科。

7. 科拉丁名:种质资源在植物分类学上的拉丁文科名。示例:*Pinaceae*,外业阶段可不填。

8. 树种类别:根据树种属性选填,打"√"表示,可多选。

9. 保存场所:收集保存的林木种质资源根据保存场所选填,其他类资源不填。打"√"表示,单选。

10. 生活型:选择乔木、灌木、藤木、竹类、其他填写,打"√",单选。

11. 常绿性:选择常绿、落叶、半常绿填写,打"√",单选。

12. 保存方式:林木种质资源保存的方式。包括:原地保存、异地保存、设施保存和未保存等。根据其具体方式选择一种,打"√"。

13. 资源类型:分为群体(种源、林分)、家系、个体(优树、无性系)、地方品种、选育品种(指经过审定或认定的良种、新品种)、育种材料(指未经审定的可作为育种原始材料使用和储备的种质资源,包括优良林分、优树、半同胞家系、全同胞家系、杂交后代、无性系等),其他按实际情况选填,打"√",可多选。

14. 主要特性:选择高产、优质、抗病、抗虫、抗逆、高效、其他填写,打"√",可多选。

15. 主要用途:选择材用、食用、药用、防护、观赏、其他填写,打"√",可多选。

16. 生长习性:描述林木在长期自然选择中表现的生长、适应或喜好。如落叶乔木、直立生长、喜光、耐盐碱、喜水肥、耐干旱等。

17. 开花结实特性:林木种质资源开花和结实周期,如 11 ~ 13 年始花期,结实大小年周期 2 ~ 3 年等。

18. 具体用途:林木种质资源的具体用途和价值。如生态防护树种、纸浆材、种子可榨取工业用油、园林绿化等。

19. 观测地点:林木种质资源形态、特征特性观测的地点。

20. 特征特性:林木种质资源可识别或独特的形态、特性,如叶截形、树体塔形、结实量大等。

21. 更新方式:包括有性繁殖(种子繁殖、胎生繁殖)、无性繁殖(根繁、分蘖繁殖等),可多选。

22. 保存地海拔:林木种质资源保存地的海拔,单位为 m。

23. 经纬度:按照度数记载,保留 5 位小数,如 N36.252 20°。

24. 保存地年均温度:林木种质资源保存地的年平均温度,通常采用当地最近气象台站的近 30 ~ 50 年的年均温度(℃)。

25. 保存地年均降雨量:林木种质资源保存地的年均降雨量,通常采用最近气象台站的 30 ~ 50 年的年均降水量。

26. 土壤类型:按土类填写,如黄棕壤、黄褐土、棕壤、褐土、潮土、砂姜黑土、山地草甸土、沼泽土、盐碱土、水稻土、红黏土、新积土、风沙土、火山灰土、紫色土、石质土、粗骨土。

27. 土壤质地:轻壤土、中壤土、沙土、黏土、重壤土。

28. 土壤酸碱度:pH 或 pH 区间。pH 区间用 pH a.0 ~ pH b.0 表示。

29. 结实和产穗情况:填写种子园、采种林的结实情况,采穗圃资源的产穗情况,其他可不填。

30. 所处场所的面积或库容:种子库填写库容(m^3),其他均填写面积(m^2)。

31. 所属单位:林木种质资源的所有权单位名称。

32. 种植日期:种植林木种质资源的日期,年月日。

33. 繁殖材料:林木种质资源的繁殖材料类型。包括:①植株;②种子;③营养器官(穗条、块根、根穗、根鞭等);④花粉;⑤培养物(组培材料);⑥其他。根据其具体类型选择,打"√",单选。

34. 图像编号:该份资源对应图片的文件名。

附录 I
（规范性附录）
凭证标本采集记录表

I.1　凭证标本采集记录表见表 I.1。

表 I.1　凭证标本采集记录表

编号：

<table>
<tr><td colspan="5">县　　乡　　村</td><td colspan="2">采集地点</td><td></td></tr>
<tr><td>采集日期</td><td></td><td colspan="2">采集人</td><td></td><td colspan="2">采集份数</td><td></td></tr>
<tr><td>经度</td><td></td><td colspan="2">纬度</td><td></td><td colspan="2">海拔(m)</td><td></td></tr>
<tr><td>坡向</td><td></td><td colspan="2">坡度</td><td></td><td colspan="2">坡位</td><td></td></tr>
<tr><td>生活型</td><td colspan="4">○ 乔木 ○ 灌木 ○ 竹类 ○ 藤本 ○ 其他</td><td colspan="2">照片原始编号</td><td></td></tr>
<tr><td>树高(m)</td><td></td><td>胸径(cm)</td><td></td><td>冠幅(m)</td><td></td><td>树龄(年)</td><td></td></tr>
<tr><td>花</td><td colspan="3"></td><td>果</td><td colspan="3"></td></tr>
<tr><td>叶(枝)</td><td colspan="3"></td><td>芽</td><td colspan="3"></td></tr>
<tr><td>其他说明</td><td colspan="7"></td></tr>
<tr><td>暂定植物名称</td><td colspan="7"></td></tr>
<tr><td colspan="8">鉴定结果</td></tr>
<tr><td>科名</td><td></td><td colspan="2">属名</td><td></td><td colspan="2">种名</td><td></td></tr>
<tr><td>学名</td><td colspan="7"></td></tr>
</table>

填写说明：

1. 编号：外业调查阶段由各调查单位自行编号，汇总后由技术组负责统一编号。

2. 县、乡、村：分别填写县、乡、村各级行政区域的全称。

3. 采集地点：填写采集的具体地点，如×××乡×××村，×××林场等。

4. 采集日期：采用年月日格式，例如 20160405。

5. 采集人：填写采集填表人员的姓名。

6. 采集份数：按同号标本采集的实际份数填写。

7. 经纬度：按照度数记载，保留 5 位小数，如 N36. 25220 °。

8. 海拔：林木种质资源原产地的海拔高度，单位为 m。

9. 坡向：分为东、西、南、北、东南、东北、西南、西北、无。

10. 坡度：可采用测高仪实测，单位为“度”。

11. 坡位：分为山脊、上坡、中坡、下坡、山谷、平地。

12. 生活型：分为乔木、灌木、藤本、竹类、其他 5 类，选填。

13. 照片原始编号：每张照片都按照相同的规则编号。

14. 树高：用测高仪（或激光测距测高仪）实测，精确至 0. 1 m。

15. 胸径：使用皮尺测量，乔木量胸围，灌木、藤本量地围，单位为 cm，精确到整数。

16. 冠幅：使用皮尺分东西、南北两个方向量测，以树冠垂直投影确定冠幅宽度，然后计算两个方向宽度的算术平均数，单位为 m，精确到小数点后 1 位。

17. 树龄：估测树木的生长年龄。

18. 花：描述观测到的花的形态特征。

19. 果：描述观测到的果的形态特征。

20. 叶（枝）：描述观测到的叶（枝）的形态特征。

21. 芽：描述观测到的芽的形态特征。

22. 其他说明：记录有利用鉴定植物的其他特征，如特殊的气味、汁液等。

23. 暂定植物名称：调查者初步判定的植物名称。

24. 科名：种质资源在植物分类学上的中文科名。

25. 属名：种质资源在植物分类学上的中文属名。

26. 种名：种质资源在植物分类学上的中文种名或亚种名。

27. 学名：该树种的拉丁名，包括属名和种名，如毛白杨的拉丁名 *Populus tomentosa*。

附录 J
（资料性附录）
河南省××××（市、县）林木种质资源普查报告（参考提纲）

J.1　基本情况

J.1.1　自然条件：如地理位置、地质地貌、气候、植被与野生动植物、土壤。

J.1.2　社会经济条件：如社会经济基本情况、基础设施。

J.1.3　调查概况：汇总现状主要指标，以便了解总体概貌。

J.2　调查工作简介

调查用图准备、组织准备、调查技术资料、用具与文具准备、宣传发动与技术培训、室内区划与外业调查、外业辅导与质量检查验收、统计汇总与成果报告编制、成果评审验收等工作过程的起止时间、具体做法。

J.3　资源现状

J.3.1　野生林木种质资源。

J.3.2　栽培利用林木种质资源。

J.3.3　重点保护和珍稀濒危树种与古树名木资源。

J.3.4　新引进和新选育林木种质资源。

J.3.5　收集保存林木种质资源。

J.3.6　优良林分和优良单株选择情况。

J.4　综合分析

总体情况比较，突出优势、特色；对本市、县（市、区）的林木种质资源收集、保存和利用现状、利用潜力进行客观分析和综合评价。

J.5　建议

J.5.1　原地与异地保护总体设想。

J.5.2　重点树种种质利用计划设想。

树木形态描述说明

一、性状描述

性状一般是指树株正常生长时所形成的整体形状，通常分乔木、灌木和藤本三类。

(1)乔木：具有明显直立的主干，高在3 m以上。根据树木可能达到的高限又分大乔木(高20 m以上)、中乔木(10～20 m)和小乔木(3～10 m)。

(2)灌木：主干不明显或不具主干，分枝多接近地面，通常高度在3 m以下(少数可达到5 m)。植株高度不足0.5 m的称小灌木。地上部分每年越冬枯死，仅基部为多年生而木质化，第二年重新萌发形成灌木，这种灌木叫亚灌木。

(3)藤本：茎干软，不能直立，只能倚附它物支持而上，如紫藤、爬墙虎、葡萄等。

二、冠形描述

(1)尖塔形：主干通直，侧枝轮生平展，高与冠幅比为3∶1或更尖削，似塔，如雪松。

(2)圆锥形：主干通直，枝叶稠密，高与冠幅比约为2∶1，如铅笔柏。

(3)圆柱形：主干通直，冠上部与下部的直径基本相等，如龙柏、箭杆杨。

(4)卵形：树冠下宽上窄，呈扁椭圆形，形似鸡蛋，如加杨、悬铃木。

(5)倒卵形：树冠呈抛物线椭圆形，上宽下窄，如皂角、白榆。

(6)球形：树冠外廓基本圆形，如梨。

(7)平顶形：冠内无主干，大枝幅射状，冠顶平，如合欢树。

(8)伞形：冠形似伞，如龙爪槐。

上述冠形分类(见图1)是指未经破坏的自然状态下的树木，人工修剪或机械损伤的树木除外。

三、树皮描述

树皮是树木识别和鉴定的重要特征之一，但应注意的是，树皮形态常受到树龄、树木生长速度、生境等的影响。树皮特征包括质地、开裂和剥落方式、颜色、开裂深度、附属物等，其中开裂和剥落的方式是常用的特征。

主要描述树皮的颜色、形状特征等。树皮形状特征可分为四个类型，即平滑、粗糙、开裂、剥落。

(一)平滑

树皮不开裂，气孔稀浅，表面平滑，如梧桐。

(二)粗糙

不规则浅裂，气孔密，表面粗糙，如臭椿、朴树。

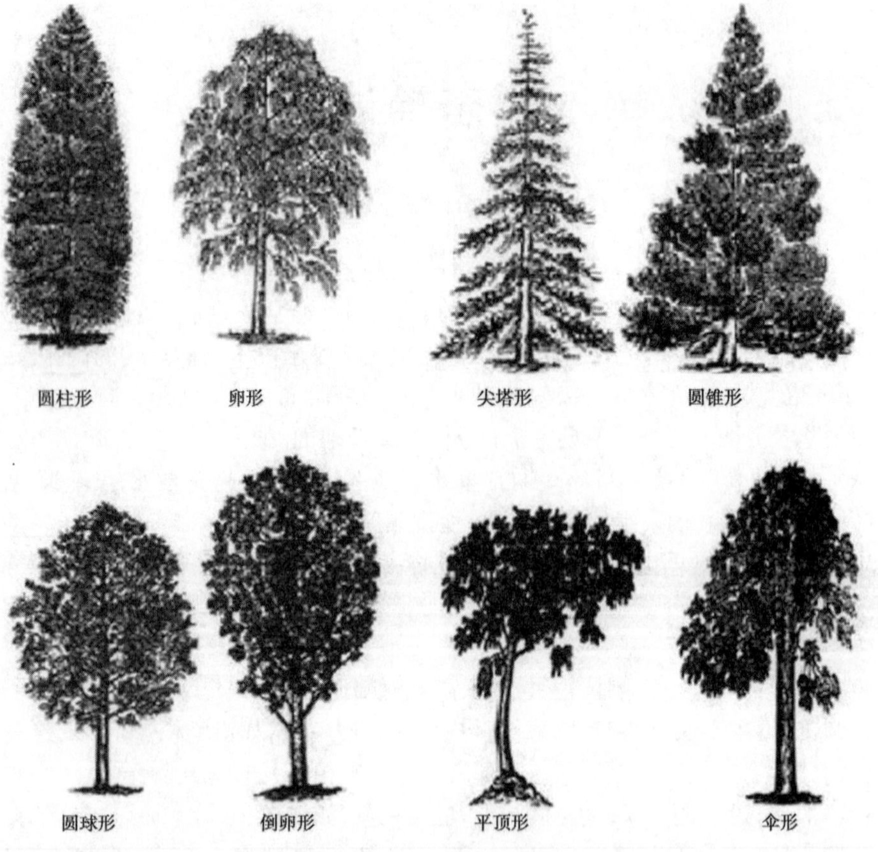

图1　冠形

(三)开裂

根据开裂的方式和程度不同又可分为下面八个类型。

(1)细纹裂：如苦楝、水曲柳等。

(2)方块状开裂：如柿树、梨树。

(3)鳞片状开裂：如白皮松、油松。

(4)浅纵裂：如麻栎、紫椴。

(5)深纵裂：如刺槐。

(6)窄长条浅裂：如侧柏、杉木。

(7)横向浅裂：如桃、樱花。

(8)不规则纵裂：如黄檗、栓皮栎。

(四)剥落

根据剥落的形状可分为四个类型。

(1)鳞状剥落：如榔榆、木瓜。

(2)片状剥落：如悬铃木、白皮松。

(3)长条片剥落：如水杉、柳杉。

(4)纸状剥落：如白桦、红桦。

按剥落形式又可分平落、上翘、反卷等。

四、芽的描述

芽是未伸展的枝、叶、花或花序的幼态。根据生长位置、排列方式、有无芽鳞包被、发育形成的器官等，可以将芽分为不同的类别，这些特征以及芽的形状、芽鳞特征等，都是树木分类和识别的依据之一。

（一）顶芽和侧芽（腋芽）

生长于枝顶的芽称为顶芽，生长于叶腋的芽称为侧芽（腋芽）。有些树种的顶芽败育，而位于枝顶的芽由最近的侧芽发育形成（假顶芽），因此并无真正的顶芽，应根据假顶芽基部的叶痕进行判断，如榆、椴、板栗等。

（二）单芽、叠生芽、并生芽

一般树种的叶腋内只有一个芽，即单芽。有些树种则具有两个或两个以上的芽，直接位于叶痕上方的侧芽称为主芽，其他的芽称为副芽。当副芽位于主芽两侧时，这些芽称为并生芽，如桃、山桃、牛鼻栓；当副芽位于主芽上方时，这些芽称为叠生芽，如皂荚、胡桃。

（三）鳞芽和裸芽

芽根据有无芽鳞可分为鳞芽和裸芽。大多数树木是鳞芽，裸芽相对较少，常见的有枫杨、苦木等。

对于鳞芽而言，芽鳞可少至1枚，如柳。而当芽鳞多数时，其排列方式有：覆瓦状排列，如杨、麻栎；镊合状排列，如漆树、苦楝。此外，玉兰、无花果等的芽为芽鳞状托叶所包被。

（四）叶柄下芽

叶柄下芽简称柄下芽，指有些树种的芽包被于叶柄内；有些部分包被可称为半柄下芽，如悬铃木、国槐、刺槐、黄檗。

（五）芽的形状、颜色

芽的形状可分为下列几种类型（见图2）。

（1）圆球形：状如圆形，如白榆花芽。

（2）卵形：形状如卵，狭端在上。

（3）椭圆形：其纵切面为椭圆形，如青檀。

（4）圆锥形：渐上渐窄，横切面为圆形，如云杉。

（5）纺锤形：两端渐狭，状如纺锤，如鹅耳枥。

（6）扁三角形：其纵切面为三角形，横切面为扁圆形，如柿树。

（7）按着生状态分为贴状、分离、翘起。

五、枝的描述

枝条是位于顶端，着生芽、叶、花或果实的木质茎。着生叶的部位称为节，两节之间的部分称为节间。

（一）长枝和短枝

根据节间发育与否，枝条可分为长枝和短枝两种类型。长枝具有延伸生长和分杈的

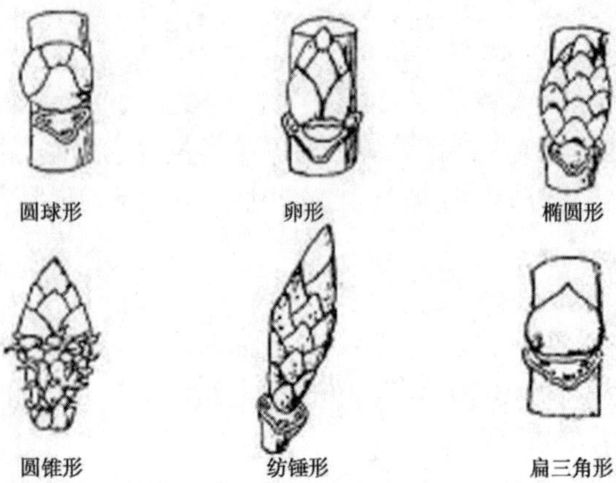

图2　芽

习性；短枝生长极度缓慢、节间极短。大多数树种仅具有长枝，一些树种则同时具有长枝和短枝，如银杏、落叶松、枣树。有些树种如苹果、毛白杨等的花枝具有短枝的特点。

（二）叶痕、叶迹、托叶痕和芽鳞痕

（1）叶痕：叶片脱落后在枝条上留有叶痕，叶痕的形状有新月形、半圆形、马蹄形等。

（2）叶迹：叶柄内的维管束在叶片脱落后留下的痕迹，称为叶迹，也可以在叶痕中观察。叶迹的形状、数目和排列因树种不同而异。形状有圆点形、新月形、马蹄形、C 形、V 形、U 形、一字形、圆环形，有的为单纯的 1 个、2 个、3 个或多个，有的则数个聚生成 1 组、3 组、5 组至多组，整齐排列。

（3）托叶痕：托叶脱落后在枝条上留下的痕迹，常位于叶痕的两侧，有点状、眉状、线状、环状等，如环状的托叶痕是木兰科植物的重要识别特征之一。

（4）芽鳞痕：枝条的基部则具有芽鳞痕，有些树种的芽开放后芽鳞并不立即脱落，也宿存于枝条基部，其形态也成为树种识别的依据，如红皮云杉。

（三）髓

髓是枝条中部的组织，质地和颜色可用于识别树种。

大多数树种为实心髓，包括海绵质髓和均质髓。海绵质髓由松软的薄壁组织组成，如臭椿、苦楝、接骨木；均质髓由厚壁细胞或石细胞组成，如麻栎、栓皮栎。有些树种为空心髓，如连翘，或为片状髓，如枫杨、杜仲、胡桃。

髓的断面形状也有不同，主要有：圆形，如白榆、白蜡；多边形，如槲树；五角形，如杨树的萌生枝；三角形，如赤杨；方形，如荆条。

（四）枝条的变态和附属物

枝条的变态及枝条上的各种附属物也是树木分类和识别的依据，主要有以下几类。

（1）枝刺：为枝条的变态，生于叶腋内，或枝条的先端硬化成刺，基部可有叶痕，其上常可着生叶、芽等，分枝或否，如皂荚、枸橘。

（2）茎卷须：为枝条的变态，如葡萄。

（3）叶刺和托叶刺：是叶和托叶的变态，发生于叶和托叶生长的部位。叶刺可分为由单叶形成的叶刺，如小檗；由复叶的叶轴变成的叶轴刺，如锦鸡儿。托叶刺常成对出现，位于叶片或叶痕的两侧,如刺槐。

(4)皮刺:为表皮和树皮的突起,位置不固定,除了枝条外,其他器官如叶、花、果实、树皮等处均可出现皮刺,如刺楸、玫瑰、花椒。

(5)木栓翅:木栓质突起呈翅状,见于卫矛等。

(6)皮孔:是枝条上的通气结构,也可在树皮上留存,其形状、大小、分布密度、颜色因植物而异,如樱花的皮孔横裂,白桦、红桦的皮孔线形横生,毛白杨的皮孔呈菱形。皮孔多寡分三级记载:密、稀、少;皮孔的颜色可在现场观察记载。

此外,枝条的颜色、蜡被以及毛被(星状毛、丁字毛、分枝毛、单毛)、腺鳞均为树种识别的重要特征。如枝条绿色的棣棠、迎春,红色的红瑞木、云实,白色的银白杨等。

(五)描述分枝角度、粗度

分枝角度用目测法。侧枝粗度用Ⅰ级侧枝与着生部位之比表示,分三级记载:粗(>0.7)、中(0.3~0.7)、细(<0.3)。

六、叶的描述

叶是鉴定、比较和识别树种常用的形态,在鉴定和识别树种时,叶具有明显和独特的容易观察和比较的形态特征。叶在树种形态特征中是变异比较明显的一部分,但是每个树种叶的变异仅发生在一定的范围内。

植物的叶,一般由叶片、叶柄和托叶三部分组成,不同植物的叶片、叶柄和托叶的形状是多种多样的。具叶片、叶柄和托叶三部分的叶,称为完全叶,如白梨、月季;有些叶只具其中一个或两个部分,称为不完全叶,其中无托叶的最为普遍,如丁香。有些植物的叶具托叶,但早落,应加注意。叶片是叶的主要组成部分,在树种鉴定和识别中,常用的形态主要有叶脉、叶序、叶形、叶尖、叶基、叶缘及叶表毛被和毛的类型。

(一)叶脉

常见的几种叶脉有羽状脉、三出脉、离基三出脉、掌状脉、平行脉,见图4。

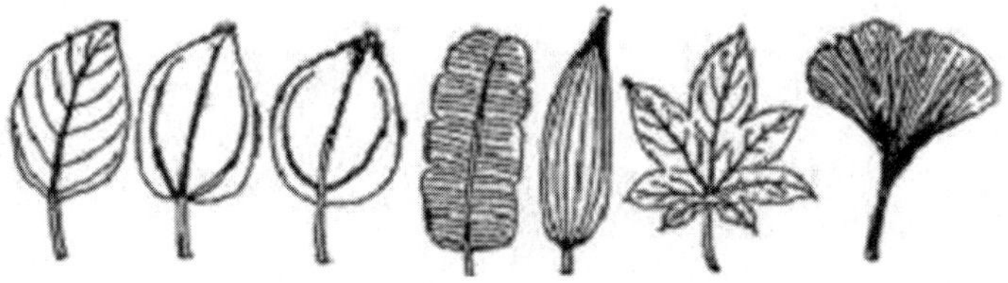

图4 叶脉

(1)羽状脉:主脉明显,侧脉自主脉两侧发出,排成羽状,如白榆、麻栎。

(2)三出脉:三条近等粗的主脉由叶柄顶端或稍离开叶柄顶端同时发出,如天目琼花、枣树。如果主脉离开基部发出,则为离基三出脉。

(3)掌状脉:三条以上的近等粗的主脉由叶柄顶端同时发出,在主脉上在发出二级侧脉,如元宝枫。掌状脉一般为五出、七出,或者更多。

(4)平行脉:叶脉平行排列,如竹类植物。

此外,银杏的叶脉叉状分枝,可称为叉状脉。

（二）叶序

根据叶在枝上的着生方式的不同可分为互生、螺旋状着生、对生、轮生、簇生等，见图5。

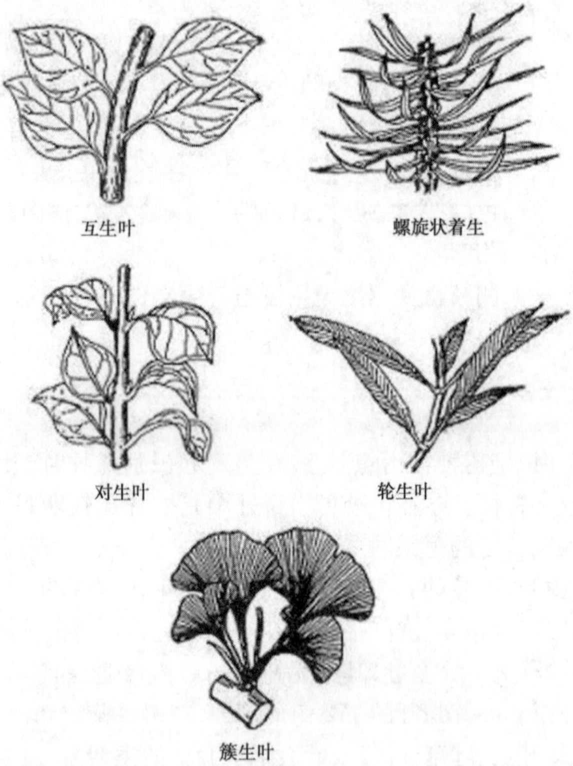

图5　叶序

（1）互生叶：每节着生一叶，如杨、榆。

（2）螺旋状着生：叶在枝条上成螺旋状排列，如杉木等。

（3）对生叶：每节相对两面各生一叶，如槭树、白蜡等。

（4）轮生叶：每节有规则的着生3个以上的叶，如梓树、黄金树等。

（5）簇生叶：多数叶子簇生于短枝上，如银杏、雪松等。

（三）叶形

常见的几种叶形（见图6）有以下几种。

（1）鳞形叶：叶细小，成鳞片状，如侧柏、柽柳。

（2）锥形叶：叶短而先端尖，如柳杉。

（3）刺形叶：叶扁平狭长，先端尖，杜松。

（4）条形叶（线形叶）：叶扁平狭长，成条状，如水杉、罗汉松。

（5）针形叶：叶细长，先端尖，如油松、马尾松。

（6）披针形叶：叶窄长，最宽处在中部以下，先端渐长尖，长为宽的4～5倍，如柳树。

（7）倒披针形叶：最宽处在上部，倒的披针形。

（8）卵形叶：中部以下最宽，长为宽的1.5～2倍，形状似鸡蛋的纵切面。

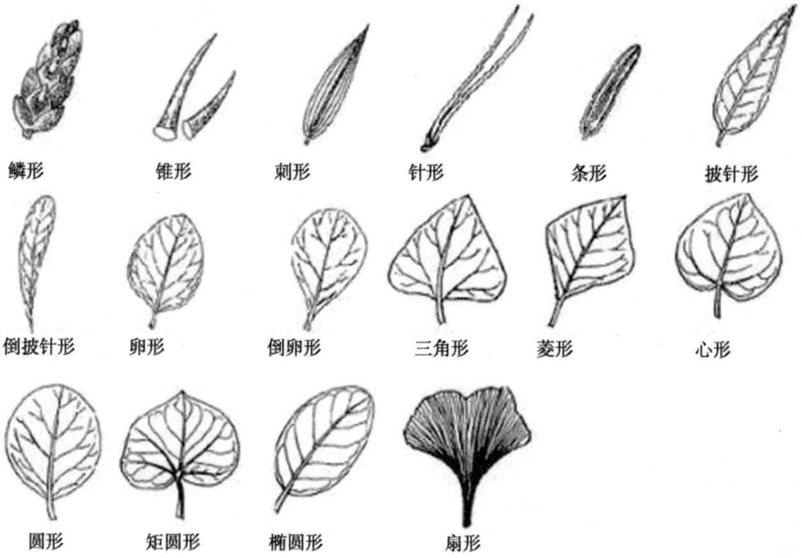

图6　叶形

(9)倒卵形:颠倒的卵形,最宽处在上端,如大叶黄杨(冬青)。

(10)圆形叶:形状近圆形。

(11)矩圆形叶:长方状椭圆形。

(12)椭圆形叶:叶形成椭圆状,如刺槐的小叶片。

(13)菱形叶:如小叶杨、乌桕。

(14)二角形叶,状如三角形,如加杨。

(15)心形叶:状如心脏,如紫荆。

(16)扇形叫:如银杏。

(四)叶尖

常见的叶尖(见图7)有以下几种。

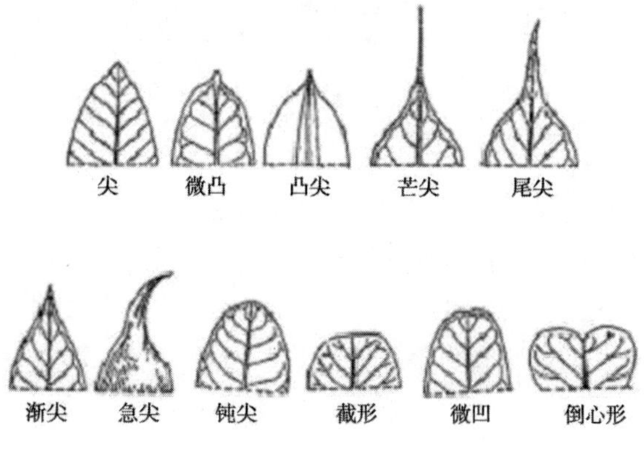

图7　叶尖

(1)尖: 先端成一锐角,如女贞。

(2)微凸:叶先端由中脉延伸到外而形成一短突尖。

(3)凸尖:叶先端由中脉延伸于外而形成一短突尖或短尖头。
(4)芒尖:凸尖伸长成芒状。
(5)尾尖:先端成尾状。
(6)渐尖:先端渐狭,成长尖头。
(7)急尖:先端突然尖头。
(8)钝尖:先端钝。
(9)截形:先端平截。
(10)微凹:先端圆, 顶端中间稍凹,如黄檀的小叶。
(11)倒心形:先端凹较深,似心形倒置,但还不是二深裂。

(五)叶基

常见的叶基(见图8)有下列几种。
(1)下延形:叶片基部渐狭,直接贴附在小枝上,一般无显著的柄。
(2)渐狭(楔形):两侧渐狭成楔形。
(3)截形:基部平截,两侧在一条线上。
(4)圆形 :基部近圆形,如山杨。
(5)耳形:两侧各有耳形裂片。
(6)心形:基部两侧呈弧形凹入。
(7)偏斜:两侧不对称。
(8)盾形:叶柄着生在叶背部的一点上。

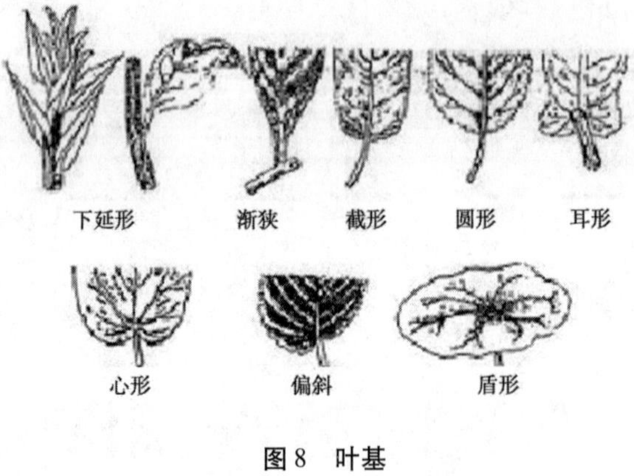

图8 叶基

(六)叶缘

常见的叶缘(见图9)有以下几种。
(1)全缘:边缘整齐,无任何折曲和缺裂。如女贞、丁香等。
(2)波状:边缘波浪起伏,如山胡椒。
(3)尖锯齿:边缘有尖锐的锯齿,齿端向前,如白榆。
(4)细锯齿:边缘锯齿细密,如垂柳。
(5)钝锯齿:边缘锯齿钝,如加杨。
(6)重锯齿:锯齿之间又具小锯齿,如春榆、樱花等。

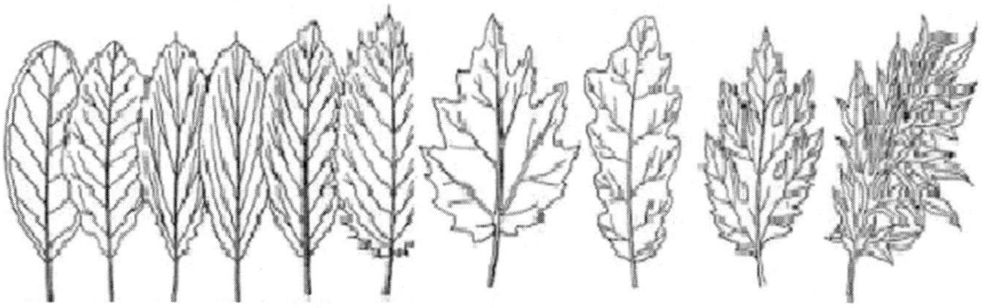

图9 叶缘

(7)缺刻:边缘具不整齐较深的裂片,如毛白杨。

(8)深缺刻:边缘的缺刻凹陷较深,如槲树。

(9)浅裂:边缘裂至中脉约1/3左右,如辽东栎。

(10)深裂:边缘深裂至离中脉或叶基部不远处,如山楂。

(11)全裂:边缘裂至中脉或叶柄顶端,如花叶桑。

(12)羽状分裂:裂片排成羽状,并具羽状脉。

(13)掌状分裂:裂片排成掌状,并具掌状脉,根据分裂程度,还可加深、浅、全等形容词。

(七)复叶

常见的几种复叶有单身复叶、二出复叶、三出复叶、奇数羽状复叶、偶数羽状复叶、二回羽状复叶、三回羽状复叶、掌状复叶等,见图10。

七、花的描述

主要描述花的类型、花冠的形状、花序等。

(一)花的类型

(1)完全花:具备花萼、花冠、雄蕊和雌蕊四部分的花。

(2)不完全花:缺少花萼、花冠、雄蕊或雌蕊一至三部分的花。

(3)两性花:兼有雄蕊和雌蕊的花。

(4)单性花:仅有雄蕊或雌蕊的花。

(5)雄花:只有雄蕊没有雌蕊或雌蕊部分退化的单性花。

(6)雌花:只有雌蕊没有雄蕊或雄蕊部分退化的单性花。

(7)雌雄同株:雌花和雄花生于同一植株上。

(8)雌雄异株:雌花和雄花不生于同一植株上。

(9)杂性花:一株树上兼有单性花和两性花。

(二)花冠的形状

常见的花冠的形状(见图11)有以下几种。

(1)蔷薇形:花瓣5,分离,无瓣片与瓣爪之分,如桃、梨等。

(2)管状:花瓣连合,大部分呈管状,先端裂片向上伸展。

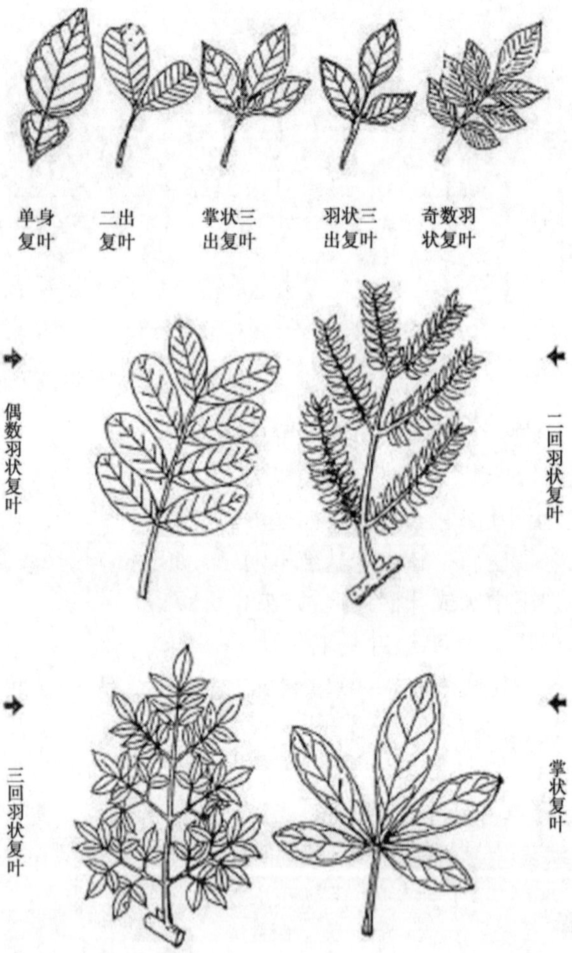

图 10　夏叶

(3)漏斗状:花瓣连合,下部圆筒形,上部扩大成漏斗状,如枸杞等。

(4)钟形:花瓣连合,筒宽而稍短,上花冠筒宽而稍短,上部扩大成一钟形。

(5)坛形:花冠筒膨大成坛状或近球形,先端收缩,冠裂片外展。

(6)高脚碟状:筒下部细长,上部水平扩展成碟状,如丁香等。

(7)轮状:花冠筒极短,自基部作辐射状伸展。

(8)舌状:基部合生成一短筒,上部扁平成舌状。

(9)蝶形:最上(外)的一片最大,常向外反卷,叫旗瓣;侧面的两瓣较小,叫翼瓣;最下面的两瓣其下缘靠合,呈龙骨状,叫龙骨瓣。如豆科植物多为此类型。

(10)唇形花瓣:基部合生成花冠筒,上部分为上唇及下唇两个部分,上唇先端 2 裂,下唇先端 3 裂。

(三)花序

当枝顶或叶腋内只生长一朵花时,称为单生花,如白玉兰。当许多花按一定规律排列在分支或不分支的总花柄上时,形成了各式花序,总花柄称为花序轴。花序着生的位置有

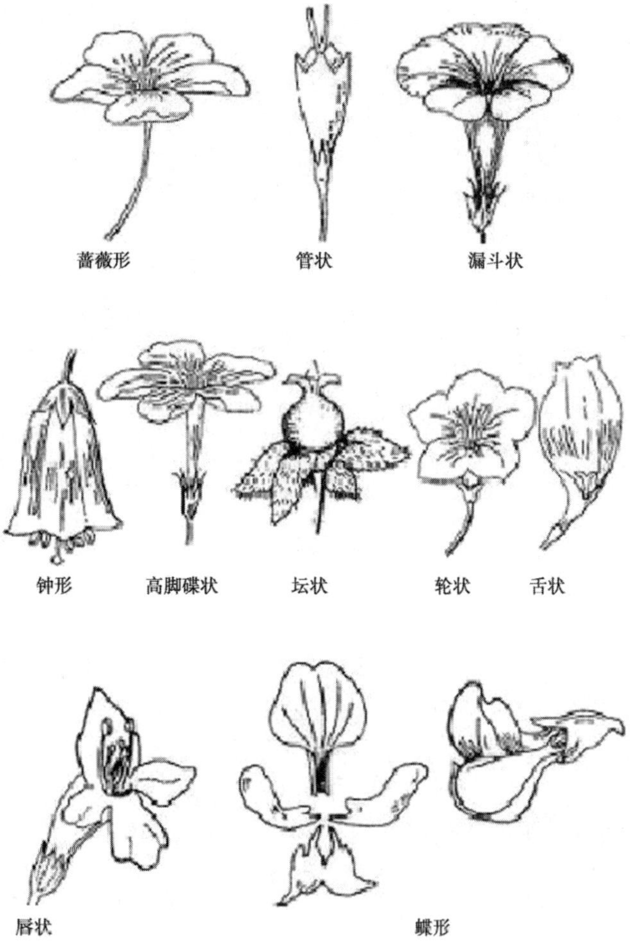

图11　花冠

顶生和腋生。花序的类型复杂多样，表现为主轴的长短、分枝与否、花柄有无以及各花的开放顺序等的差异。

常见花序（见图12）有如下几种：

（1）穗状花序：花多数，不分枝，花无柄或极短。

（2）柔荑花序：与穗状花序相似，但同一花序的花均为单性花，常无花被，花序轴常下垂，如杨树、柳树。

（3）总状花序：花序轴细长，不分枝，其上着生多数花柄近于等长的花。花自下而上开放。

（4）肉穗花序：与穗状花序相似，但花序轴肥厚肉质，并为一佛焰苞所包围，如天南星；玉米的雌花序为多数叶状苞包被。

（5）圆锥花序：花序轴分枝，各分枝再形成总状或穗状花序，因此实际上为一复花序，外形上常呈圆锥状，如柽柳等。

（6）头状花序：花无柄或近无柄，多花集生于短而宽、平坦成隆起的花序轴顶端（花序

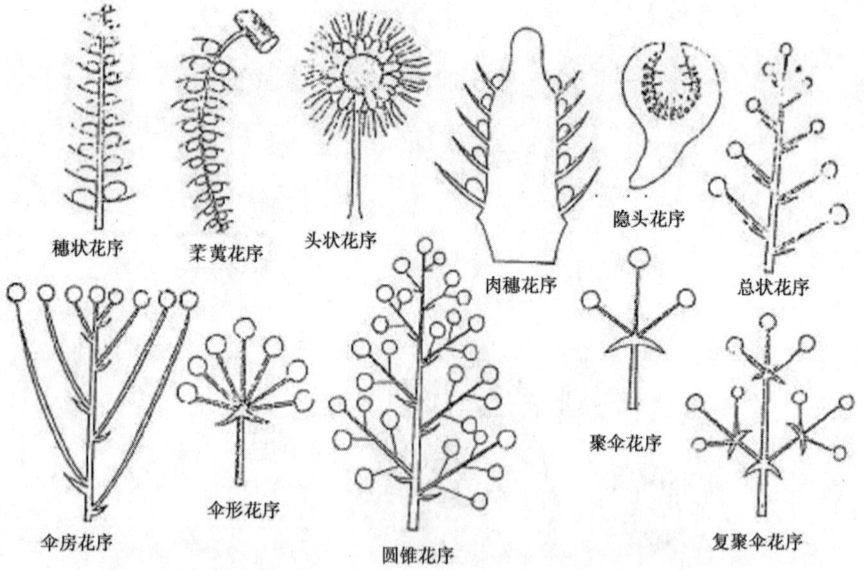

图 12　花序

托），形成一头状体，外被以形状、质地各异的总苞。

(7)隐头花序：花集生于肉质中空的花序托内，如无花果。

(8)伞房花序：与总状花序相似，但花序轴下面的花柄较长，向上渐短，使整个花序的顶端为平头状。如山楂、土庄绣线菊等。

(9)伞形花序：花柄近等长，集生于花序轴的顶端，状如开张的伞。

(10)聚伞花序：组成花序的花有梗并等长，但开花顺序是自上而下，从内向外。

(11)复聚伞花序：花轴端着生一花，其两侧各有一分枝，每分枝上着生聚伞花序，或重复连续二岐分枝的花序。

八、果实描述

果实的类型较多(见图13)，是识别树木的重要特征。在一些树木中果实仅由子房发育形成，称为真果，如桃；另一些树木中，花的其他部分(花托、花被等)也参与果实的形成，这种果实称为假果，如梨。果实的类型可以从不同方面来划分。

一朵花中如果只有一枚雌蕊、只形成一个果实，称为单果。一朵花中有许多离生雌蕊，每一雌蕊形成一个小果，相聚在同一花托之上，称为聚合果，如玉兰为聚合蓇葖果、领春木为聚合翅果。如果果实是由整个花序发育而来，则称为聚花果(复果)，如桑、无花果。

如果按果皮的性质来划分，有肥厚肉质的肉果，也有果实成熟后果皮干燥无汁的干果，肉果和干果又各区分若干类型。

(一)干果

果实成熟后，果皮失水而干燥。常见的果实有如下几种：

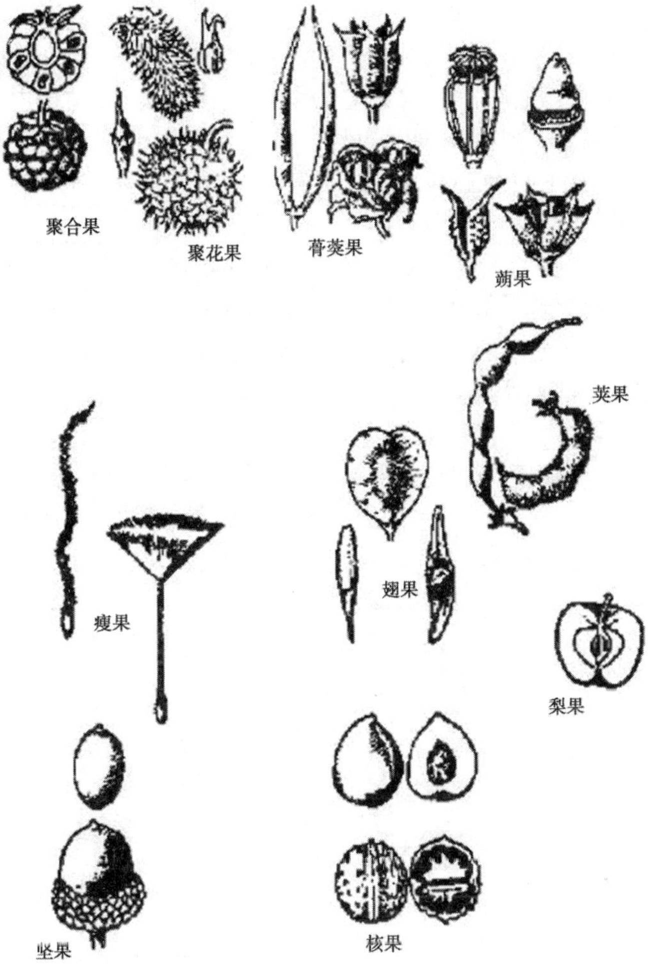

图 13　果实

(1)蓇葖果:由子房上位的单心皮雌蕊形成,成熟时沿背缝线或腹缝线一侧开裂,内含 1 个或多个种子,如绣线菊、珍珠梅等。

(2)荚果:由子房上位的单心皮雌蕊形成,成熟时沿腹缝线和背缝线同时开裂,如大豆、锦鸡儿等;也有的荚果在种子间收缩呈念珠状,成熟时在收缩处渐裂形成节荚,如花棒、槐树等。

(3)蒴果:由 2 个以上合生心皮的上位或下位子房形成,一室或多室,种子多数。蒴果开裂的方式有:室背开裂(沿心皮背缝线开裂,如胡麻);室间开裂(沿心皮腹缝线开裂,如文冠果);孔裂(蒴果先端形成小孔,如野罂粟);盖裂(蒴果上部横裂成盖,如车前)等。

(4)瘦果:由离生心皮或合生心皮的上位或下位子房形成,1 室 1 种子,果皮紧包种子,不易分离,如沙拐枣、荞麦等。

(5)翅果:由合生心皮的上位子房形成,果皮外延形成翅,如榆树、槭树等。

(6)坚果:果皮木质化,坚硬,1 室 1 种子,如板栗、榛子等。

（二）肉质果

果实成熟时，果皮及其他参与形成果实的部分肉质多汁。常见的有如下几种：

（1）核果：由单心皮或合生心皮的上位子房形成，外果皮薄，中果皮肥厚，肉质，内果皮坚硬而形成硬核，内有1粒种子，如杏、桃等。

（2）浆果果：由合生心皮的上位或下位子房形成，外果皮薄，中果皮及内果皮肥厚多汁，含一至数粒种子，如葡萄、枸杞等。

（3）柑果：由合生心皮的上位子房形成，外果皮革质，有油囊；中果皮疏松，具有分枝的维管束：内果皮分隔成若干果瓣，果瓣内有许多多汁的腺毛，如柑、橘等。

（4）梨果：由合生心皮的下位子房及花托形成，外果皮、中果皮不明显，内果皮革质或骨质，内有数室，如苹果、梨等。

（三）聚合果

一朵花中有多数单雌蕊，每个单雌蕊形成一个单果，集生在花托上，将这样集生在一朵花内的单果合称聚合果。根据单果的类型可以分为聚合瘦果，如草莓；聚合蓇葖果，如绣线菊；聚合核果，如悬钩子等。

（四）聚花果

由整个花序形成的果实，如桑椹、菠萝等。

河南省木本植物名录

一、裸子植物 Gymnospermae

(一)苏铁科 Cycadaceae

苏铁属 *Cycas* Linn.

*苏铁(铁树) *C. revoluta* Thunb.

(二)银杏科 Ginkgoaceae

银杏属 *Ginkgo* L.

银杏(白果树、公孙树)*G. biloba* L.

(三)松科 Pinaceae

1. 冷杉属 *Abies* Mill.

秦岭冷杉 *A. chensiensis* Van. Tiegh.

巴山冷杉(太白冷杉) *A. fargesii* Franch.

2. 铁杉属 *Tsuga* Carr.

铁杉(杉松) *T. chinensis* Pritz.

3. 云杉属 *Picea* Dietr.

云杉(白松) *P. asperata* Mast.

白杄(毛枝云杉) *P. meyeri* Rehd. et Wils.

大果青杄 *P. neoveitcii* Mast.

青杄 *P. wilsonii* Mast.

麦吊云杉(垂枝云杉) *P. brachytyla* Pritz.

红皮云杉 *P. koraiensis* Nakai

4. 落叶松属 *Larix* Mill

日本落叶松 *L. kaempferi* Carr.

黄花落叶松 *L. olgensis* Henry

华北落叶松 *L. principis-rupprechtii* Mayr.

5. 金钱松属 *Pseudolarix* Gord.

金钱松 *P. larix amabilis* (Nelson) Rehd

6. 雪松属 *Cedrus* Trew.

*雪松 *C. deodara* Loud.

7. 松属 *Pinus* L.

偃松 *P. pumila* (Pall.) Reg.

华山松(五叶松、白松) *P. armaudi* Franch.

大别山五针松(安徽五针松、大果松) *P. dabeshanensis* Cheng et Law

日本五针松 *P. parviflora* Sieb. et Zucc.
白皮松(三针松) *P. bungeana* Zucc. ex Endl.
马尾松(松树) *P. massoniana* Lamb.
赤松 *P. densiflora* Sieb. et Zucc.
台湾松(黄山松) *P. tarwanensis* Hayata
油松(松树) *P. tabulaeformis* Carr.
* 北美短叶松(短叶松) *P. banksiana* Lamb.
黑松 *P. thunbergii* Parl.
* 火炬松 *P. taeda* L.
* 湿地松 *P. elliotii* Engelm.
* 樟子松 *P. sylvestris* L. var. *mongolica* Litv.
长叶松 *P. palustris*. Mill

(四)杉科 Taxodiaceae

1. 杉木属 *Cunninghamia* R. Br.
杉木(刺杉) *C. lanceolata* Hook.
灰叶杉 *C. lanceolata* Hook. 'Glauca'

2. 水松属 *Glyptostrobus* Endl.
* 水松 *G. pensilis* K. Koch.

3. 柳杉属 *Cryptomeria* D. Don.
* 柳杉(长叶孔雀杉) *C. fortunei* Hooibrenk ex Otto et Dietr.
* 日本柳杉(孔雀杉) *C. japonica* (L. f.) D. Don

4. 落羽杉属 *Taxodium* Rich.
* 落羽杉 (落羽松) *T. distichum* (L.) Rich.
* 池杉 (落叶杉、池柏) *T. ascendens* Brongn.

5. 水杉属 *Metasequoia* Miki ex Hu et Cheng
* 水杉 *M. glyptostroboides* Hu et Cheng
金叶水杉 *M. glyptostroboides* Hu et Cheng 'Gold Rush'

6. 台湾杉属 Taiwania
台湾杉 *Taiwania cryptomerioides*

(五)柏科 Cupressaceae

1. 侧柏属 *Platycladus* Spach.
侧柏(柏树) *P. orientalis* (L.) Franch.
千头柏 *P. orientalis* (L.) Franch. 'Sieboldii'
线柏 *P. orientalis* (L.) Franch. 'Filiformis'

2. 崖柏属 *Thuja* L.
* 美国侧柏(香柏) *T. occiidentalis* L.

3. 扁柏属 *Chamaecyparis* Spach.
* 日本花柏 *C. pisifera* Endl.

＊绒柏 *C. pisifera* Endl.‘squarrsa’

＊羽叶花柏 *C. pisifera* Endl.‘Plumosa’

＊日本扁柏 *C. obtusa* Endl.

台湾扁柏 *C. taiwanensis* Masam. et Suzuki

云片柏 *C. taiwanensis* Masam. et Suzuki‘Breviramea’

凤尾柏 *C. taiwanensis* Masam. et Suzuki‘Filicoides’

孔雀柏 *C. taiwanensis* Masam. et Suzuki‘Tetragona’

4. 柏木属 *Cupressus* L.

柏木 *C. funebris* Endl.

5. 圆柏属 *Sabina* Mill.

北美圆柏(铅笔柏) *S. virginiana* Ant.

圆柏(桧柏、刺柏) *S. chinensis* Ant.

龙柏 *S. chinensis* Ant.‘Kaizuca’

金叶桧 *S. chinensis* Ant.‘Aurea’

地柏 *S. chinensis* Ant.‘Sargentii’

金球桧 *S. chinensis* Ant.‘Aureo-globosa’

球桧 *S. chinensis* Ant.‘Globosa’

蜀桧(塔柏) *S. chinensis Ant.* ‘Pyramidalis’

垂枝圆柏(垂枝柏 、垂柏) *S. chinensis* Ant. f. *Pendula* Cheng et W. T. Wang

高山柏(地柏) *S. squamata* (Buch. -Hamilt) Ant.

粉柏(翠柏) *S. squamata* (Buch. Hamilt) Ant.‘Meyeri’

铺地柏(偃柏) *S. procumbens* Iwata et Kusaka.

6. 刺柏属 *Juniperus* L.

杜松 *J. rigida* Sieb. et Zucc.

欧洲刺柏 *J. comm. unis* L.

刺柏(刺松) *J. formosana* Hayata

(六)罗汉松科 Podocarpaceae

罗汉松属 *Podocarpus* L' Her. ex Persoon

罗汉松(土杉) *P. macrophyllus* D. Don

短叶罗汉松 *P. macrophyllus* D. Don var. *maki* Endl.

(七)粗榧科 Cephalotaxaceae

三尖杉属 *Cephalotaxus* Sieb. et Zucc. ex Endl.

三尖杉(母猪柏) *C. fortunei* Hook. f.

中国粗榧(母猪柏) *C. sinensis* Li

(八)红豆杉科 Taxaceae

1. 红豆杉属 *Taxus* L.

红豆杉(扁柏、紫柏树) *T. chiuensis* Rehd.

南方红豆杉 *T. chiuensis* Rehd. var. *mairei* (Lemee et Levl.) Cheng et L. K. Fu

＊东北红豆杉 *T. cuspidata* Sieb. et Zucc.

＊矮紫杉 *T. cuspidata* Sieb. et Zucc. 'Nana'

2. 榧树属 *Torrey* Arn.

香榧(榧树) *T. grandis* Fort. ex Lindl.

巴山榧树(球果香榧) *T. fargesii* Franch.

(九)麻黄科 Ephedraceae

麻黄属 *Ephedra* Tourn. et L.

草麻黄(麻黄) *E. sinica* Stapf.

木贼麻黄 *E. equisetina* Bunge

中麻黄 *E. intermedia* Schrek et Mey.

二、被子植物门 Angiospermae

Ⅰ. 双子叶植物 Dicotyledonae

(一)杨柳科 Salicaceae

1. 杨属 *Populus* L.

银白杨 *P. alba* L.

新疆杨 *P. alba* L. var. *pyramidalis* Bunge

河北杨 *P. hopeiensis* Hu et Chow

毛白杨(大叶杨) *P. tomentosa* Carr.

截叶毛白杨 *P. tomentosa* Carr. var. *truncata* Y. C. et C. H. Wang

抱头毛白杨 *P. tomentosa* Carr. var. *fastigiata* Y. H.

山杨 *P. davidiana* Dode

楔叶山杨 *P. davidiana* Dode f. *laticcneata* Nakai

垂枝山杨 *P. davidiana* Dode f. *pendula* C. Wang et Tung

清溪杨 *P. rotundifolia* Griff. var. *ducloxiama* (Dode) Gomb.

响叶杨 *P. adenopoda* Maxim.

响毛杨 *P.* × *pseudo-tomentosa* C. Wang et Tung

椅杨 *P. wilsonii* Schneid.

大叶杨 *P. lasiocarpa* Oliv.

小叶杨(河南杨明杨) *P. simonii* Carr.

塔形小叶杨 *P. simonii* Carr. f. *fastigiata* Schneid.

垂枝小叶杨 *P. simonii* Carr. f. *pendula* Schneid.

秦岭小叶杨 *P. simonii* Carr. var. *tsinlingensis* C. Wang et C. Y. Yu

菱叶小叶杨 *P. simonii* Carr. f. *rhombifolia* (Kitag.)C.

香杨 *P. koreana* Rehd.

甜杨 *P. suaveolens* Fisch.

小青杨 *P. pseudo-simonii* Kitag.

欧洲大叶杨 *P. candicans* Ait.

青杨(小叶杨) *P. cathayana* Rehd.

宽叶青杨 *P. cathayana* Rehd. var. *latifolia* (C. Wang et C. Y. Yu) C. Wang et Tung

冬瓜杨(楸皮杨) *P. purdomii* Rehd.

川杨 *P. szechuanica* Schneid.

滇杨(云南白杨) *P. yunnanensis* Dode.

黑杨 *P. nigra* L.

钻天杨 *P. nigra* L. var. *italica* (Moench.) Kochne

箭杆杨 *P. nigra* L. var. *thevestina* (Dode) Bean

北京杨 *P.* × *beijingensis* W. Y. Hsu

加杨(加拿大杨) *P.* × *canadensis* Moench

沙兰杨 *P.* × *canadensis* Moench 'Sacrau 79'

格尔里杨 *P.* × *canadensis* Moench 'Gelrica'

马里兰杨 *P.* × *canadensis* Moench 'Marilandica'

晚花杨(迟叶杨) *P.* × *canadensis* Moench 'Serotina'

意大利 214 杨 *P.* × *canadensis* Moench 'I-214'

健杨 *P.* × *canadensis* Moench 'Robusta'

新生杨 *P.* × *canadensis* Moench 'Regenerata'

大叶钻天杨 *P. monilifera* Ait.

2. 柳属 *Salix* L.

腺柳(河柳) *S. chaenomeloides* Kimura

腺叶腺柳 *S. chaenomeloides* Kimura. var. *glandulifolia* C. F. Fang

紫柳 *S. wilsonii* Seemen.

南川柳 *S. rosthornii* Seemen.

五蕊柳 *S. pentandra* L.

康定柳(拟五蕊柳) *S. paraplesia* Schneid.

三蕊柳 *S. triandra* L.

鸡公柳 *S. chikungensis* Schneid.

旱柳(柳树) *S. matsudana* Koidz.

绦柳 *S. matsudana* Koidz. f. *pendula* Schneid.

龙爪柳 *S. matsudana* Koidz. f. *tortusa* (Vilm.) Rehd.

馒头柳 *S. matsudana* Koidz. f. *umbraculifera* Rehd.

垂柳(倒栽柳) *S. babylonica* L.

小叶柳(翻白柳) *S. hypoleuca* Seemen.

宽叶翻白柳 *S. hypoleuca* Seemen. var. *platyphylla* Schneid.

兴山柳 *S. mictotricha* Schneid.

眉柳(杜鹃柳) *S. wangiana* Hao.

多枝柳 *S. polyclona* Schneid.

房县柳(沟边柳) *S. rhoophila* Schneid.

周至柳 *S. tangii* Hao

中华柳(中国柳) *S. cathayana* Diels.

川鄂柳 *S. fargesii* Burk.

甘肃柳 *S. fargesii* Burk. var. *kansuensis* (Hao) N. Chao

紫枝柳 *S. heterochroma* Seemen.

匙叶柳 *S. spathulifolia* Seemen.

中国黄花柳 *S. sinica* (*Hao*) C. Wang et C. F. Fang

皂柳(山柳) *S. wallichiana* Anderss.

密齿柳 *S. characta* Schneid.

蒿柳(清钢柳) *S. viminalis* L.

川柳 *S. hylonoma* Schneid.

石泉柳 *S. shihtsuanensis* C. Wang et C. Y. Yu

毛枝柳 *S. dasyclados* Wimm.

红皮柳 *S. sinopurpurea* C. Wang et Ch. Y. Yang

山毛柳 *S. permollis* C. Wang et Ch. Y. Yu

簸箕柳 *S. suchowensis* Cheng

筐柳 *S. linearistipularis* (Franch.) Hao

乌柳(筐柳) *S. cheilophila* Schneid.

东陵山柳 *S. phylicifolia* L.

庙王柳 *S. biondiana* Seemen ex Diels

黄花柳 *S. caprea* L.

崖柳 *S. floderusii* Nakai.

毛枝柳 *S. dasyclados* Wimm.

大别柳 *S. dabeshanensis*

商城柳 *S. shangchengensis*

百里柳 *S. baileyi*

黄金柳 *S. alba* var. *Tristis*

(二)胡桃科 Juglandaceae

1. 化香树属 *Platycarya* Sieb. et Zucc.

化香树(还香树) *P. strobilacea* Sieb. et Zucc.

2. 青钱柳属 *Cyclocarya* Iljinsk

青钱柳(铜子柳、摇钱树) *C. paliurus* (Batal.) Iljinsk.

3. 枫杨属 *Pterocarya* Kunth

枫杨(鬼柳、铜子柳) *P. stenoptera* DC

湖北枫杨(花杨、山柳树) *P. hupehensis* Skan.

4. 胡桃属 *Juglans* L.

胡桃(核桃) *J. regia* L.

野胡桃(山核桃) *J. cathayensis* Dode.

胡桃楸(山核桃、核桃楸) *J. mandshurica* Maxim.

5. 山核桃属 *Carya* Nutt.

美国山核桃(薄壳山核桃) *C. illenoensis* K. Koch.

山核桃 *C. cathayensis* Sarg.

(三)杨梅科

杨梅属 *Myrica* Linn.

*杨梅 *M. rubra* (Lour.) S. et Zucc.

(四)桦木科 Betulaceae

1. 桦木属 *Betula* L.

白桦(桦树) *B. platyphylla* Suk.

豫白桦(白桦) *B. honanensis* S. Y. Wang et C. L. Chang

坚桦(黑桦) *B. chinensis* Maxim.

亮叶桦(光皮桦、桦角) *B. luminifera* H. Winkl.

糙皮桦 *B. utilis* D. Don

红桦(红皮桦) *B. albo-sinensis* Burk.

牛皮桦 *B. albo-sinensis* Burk. var. *septentrionalis* Schneid.

2. 桤木属 *Alnus* Mill.

桤木(水冬瓜) *A. cremastogyne* Burk.

赤杨(水冬瓜、日本桤木) *A. japonica* Sieb. et Zucc.

江南桤木(水冬瓜) *A. trabeculosa* Hand. -Mazz.

3. 榛属 *Corylus* L.

刺榛(腺毛刺榛、藏刺榛) *C. ferox* var. *thibetica* (Batal.) Franch.

榛(榛子) *C. heterophyllus* Fisch.

川榛 *C. heterophyllus* Fisch. var. *sutchuenensis* Franch.

角榛(毛榛) *C. mandshurica* Maxim.

华榛(山白果) *C. chinensis* Franch.

披针叶榛(绒苞榛) *C. fargesii* (Franch.) Schneid.

马氏榛 *C. maxima* Mill

4. 鹅耳枥属 *Carpinus* L.

千金榆(穗子榆) *C. cordata* Bl.

毛叶千金榆 *C. cordata* Bl. var. *mollis* (Rehd.) Cheng ex Chen

多脉鹅耳枥 *C. polyneura* Franch.

川鄂鹅耳枥(穗子榆) *C. henryana* (Winkl.) Winkl.

单齿鹅耳枥 *C. simplicidentata* Hu

大穗鹅耳枥 *C. fargesii* Franch.

鹅耳枥(千金榆) *C. turczaninowii* Hance.

小叶鹅耳枥 *C. turczaninowii* Hance. var. *stipulata* (Winkl.) Winkl.

千筋树（千金榆） *C. fargesiana* H. Winkl.
镰苞鹅耳枥 *C. falcatibracteata* Hu
柔毛鹅耳枥 *C. pubescens* Burk.
河南鹅耳枥 *C. funiushanensis* P. C. Kuo
雷公鹅耳枥 *C. viminea* Wall.
昌化鹅耳枥 *Carpinus tschonoskii* Maxima.

5. 铁木属 *Ostrya* Scop.

铁木（穗子榆、黄札榆） *O. japonica* Sarg.

6. 虎榛属 *Ostryopsis* Decne.

虎榛（棱榆） *O. davidiana* Decne.

（五）壳斗科 Fagaceae

1. 水青冈属 *Fagus* L.

米心水青冈（米心树） *F. engleriana* Seem.
水青冈 *F. longipetiolata* Seem.

2. 栗属 *Castanea* Mill.

板栗（油栗、栗子） *C. mollissima* Bl.
茅栗（野栗子） *C. seguinii* Dode.

3. 栎属 *Quercus* L.

栓皮栎（粗皮枥、橡树） *Q. variabilis* Bl.
塔形栓皮栎 *Q. variabilis* Bl. var. *pyramidalis* T. B. Chao et C. I. Chang.
麻栎（枥树、橡树） *Q. acutissima* Carr.
小叶栎 *Q. chenii* Nakai.
枹树（枹栎、小叶青冈） *Q. glandulifera* Bl.
短柄枹树（小叶青冈） *Q. glandulifera* Bl. var. *brevipetiolata* Nakai
槲栎（青冈、大叶青冈） *Q. aliena* Bl.
锐齿栎（锐齿槲栎、大叶青冈） *Q. aliena* Bl. var. *acutiserrata* Maxim.
匙叶槲栎 *Q. aliena* Bl. var. *pellucida* Bl.
槲树（柞栎） *Q. dentata* Thunb.
西南栎 *Q. dentata* Thunb. var. *oxyloba* Franch.
房山栎 *Q. fangshanensis* Liou
白栎（小槲栎头、小槲树） *Q. fabri* Hance.
蒙古栎（柞槲栎、柞树） *Q. mongolica* Fisch.
辽东栎（小叶青冈） *Q. liaotungensis* Koidz.
橿子栎（黄橿子） *Q. baronii* Skan
毛黄橿子 *Q. baronii* Skan var. *capillata* (Koidz.) Lious
垂枝黄橿子 *Q. baronii* Skan var. *pendula* S. Y. Wang et C. L. Chang.
匙叶栎（青橿、匙叶山栎） *Q. spathulata* Seem.
岩栎（青橿、锐齿山栎） *Q. acrodenta* Seem.

巴东栎 *Q. engleriana* Seem.

乌冈栎 *Q. phillyraeoides* A. Gray.

黄山栎 *Q.* stewardii

刺叶山栎 *Q. spinosa* David ex Franch.

河北栎 *Q. uercus* × *hopeiensis* Liou

北美红栎 *Q. rubra* L.

4. 青冈属 Cyclobalanopsis

青冈栎(铁稠) *C. glauca* (Thunb.) Orest.

小叶青冈栎 *C. glauca* (Thunb.) Orest. f. *gracils* Rehd. et Wils.

青栲(青稠、小叶青冈) *C. myrsinaefolia* Orest.

5. 石栎属 *Lithocarus* Bl.

石栎(柯、稠木) *L. glaber* (Thunb.) Nakai

(六)榆科 Ulmaceae

1. 榆属 *Ulmus* L.

大果榆(黄榆) *U. macrocarpa* Hance

脱皮榆 *U. lamellosa* T. Wang et S. L. Chang

太行榆 *U. taihangshanensis* S. Y. Wang

裂叶榆 *U. laciniata* (Trautv.) Mayr.

兴山榆(山榆) *U. bergmanniana* Schneid.

榆树(白榆) *U. pumila* L.

龙爪榆 *U. pumila* L. 'Pendula'

垂枝榆 *U. pumila* L. 'Tenue'

钻大榆 *U. pumila* L. 'Pyramidals'

窄叶榆 *U. pumila* L. 'Parvifolia'

细皮榆 *U. pumila* L. 'Leptodermis'

中华金叶榆 *U. pumila* L. 'Jinye'

黑榆(山毛榆) *U. davidiana* Planch.

春榆(山榆) *U. propinqua* Kiodz.

旱榆(灰榆) *U. glaucescens* Franch.

毛果旱榆 *U. glaucescens* Franch. var. *lasiocarpa* Rehd.

榔榆(秋榆、小叶榆) *U. parvifolia* Jacq.

圆冠榆 *U. densa* Litw.

2. 刺榆属 *Hemiptelea* Planch.

刺榆(枢) *H. davidii* (Hance) Planch.

3. 榉树属 Zelkova Spach.

榉树(大叶榉、鬼狼树) *Z. schneideriana* Hand. -Mazz.

大果榉(小叶榉) *Z. sinica* Schneid.

光叶榉(小叶榉) *Z. serrata* (Thunb.) Makino

4. 朴属 Celtis L.

大叶朴(大叶白麻子树、白麻子树) *C. koraiensis* Nakai

毛叶朴 *C. pubescens* S. Y. Wang et C. L. Chang

小叶朴(白麻子、小叶白麻子) *C. bungeana* Bl.

珊瑚朴 *C. julianae* Schneid.

紫弹树(白麻子) *C. biondii* Pamp.

朴树(朴、白麻子) *C. tetrandra subsp. sinensis* (Pers.) Y. C. Tang

黄果朴 *C. labilis* Schneid.

5. 糙叶树属 *Aphananthe* Planch.

糙叶树 *A. aspera* (Bl.) Planch.

6. 青檀属 *Pteroceltis* Maxim.

青檀(翼朴) *P. tatarinowii* Maxim.

(七)桑科 Moraceae

1. 桑属 *Morus* L.

华桑(葫芦桑) *M. cathayana* Hemsl.

桑(桑树、白桑) *M. alba* L.

垂枝桑 *M. alba* L. Pendula

花叶桑 *M. alba* L. 'Laciniata'

鲁桑 *M. alba* L. Multicaulis

蒙桑(山桑) *M. mongolica* Schneid.

山桑 *M. mongolica* Schneid. var. *diabolica* Koida.

鸡桑(山桑、小叶桑) *M. australis* Poir.

2. 构属 *Broussonetia* L'Herit. ex Vent.

构树(楮、楮桃) *B. papyrifera* (L.) L' Herit. ex Vent.

花叶构树 *B. papyrifera* (L.) L' Herit. ex Vent. 'Variegata'

小构树(女谷) *B. kazinoki* Seib. et Zucc.

3. 榕属 *Ficus* L.

无花果 *F. carica* L.

异叶榕 *F. heteromorpha* Hemsl.

珍珠莲 *F. sarmenttosa* var. *henryi* (King) Corner.

薜荔(凉粉树、水莲) *F. pumila* L.

爬藤榕 *F. sarmenttosa* var. *impressa* (Champ.) Corner.

4. 柘树属 *Cudrania* Trec.

柘树(柘桑、柘刺) *C. tricuspidata* (Carr.) Bur. ex Lavall.

（八）荨麻科 Urticaceae

水麻属 *Debregeasia* Gaud.

水麻 *D. edulis* Wedd.

（九）铁青树科 Olacaceae

青皮木属 *Schoepfia* Schteb.

青皮木 *S. jasminodora* Sieb. et Zucc.

（十）檀香科 Santalaceae

米面蓊属 *Buckleya* Torr.

米面蓊（面蓊、面牛豆） *B. henryi* Diels

秦岭米面蓊（面蓊、面牛豆） *B. graebneriana* Diels.

（十一）桑寄生科 Loranthaceae

1. 栎寄生属 *Hyphear* Dans.

欧洲栎寄（欧洲桑寄生） *H. europaeum* Dans.

湖北栎寄生 *H. hemsleyanum* Dans.

2. 桑寄生属 *Taxillus* Tiegh.

毛桑寄生（寄生、桑寄生） *T. yadoriki* Dans.

3. 槲寄生属 Viscum L.

槲寄生（桑寄生、树寄生） *V. coloratum* Nakai.

4. 栗寄生属 *Korthalsella* Tiegh.

栗寄生（柃寄生、小寄生） *K. japonica* Engl.

川陕栗寄生 *K. fasciculata* Lec.

（十二）马兜铃科 Aristolochiaceae

马兜铃属 *Aristolochia* L.

木通马兜铃（关木通） *A. mandshuriensis* Kom.

寻骨风 *A. mollissima* Hancce

（十三）蓼科 Polygonaceae

蓼属 *Polygonum* L.

木藤蓼（康藏何首乌） *P. aubertii* L. Henry

（十四）昆栏树科 Trochodendraceae

领春木属 *Euptelea* Sieb. et Zucc.

领春木（钥匙树） *E. pleiosperma* Hook. f. et Thoms.

（十五）连香树科 Cercidiphyllaceae

连香树属 *Cercidiphyllum* Sieb. et Zucc.

连香树（子母树） *C. japonicum* Sieb. et Zucc.

（十六）毛茛科 Ranunculaceae

1. 芍药属 *Paeonia* L.

紫斑牡丹 *P. papaveracea* Andr.

牡丹(洛阳花) *P. suffruticosa* Andr.

矮牡丹 *P. suffruticosa* Andr. var. *spontanea* Rehd.

杨山牡丹 *P. ostii* T. Hong et J. X. Zhang

2. 铁线莲属 *Clematis* L.

女萎 *C. apiifolia* CD.

钝齿铁线莲 *C. apiifolia* var. *argentilucida*（Levl. et Vant.）W. T. Wang

钝萼铁线莲 *C. peterae* Hand. -Mazz.

毛果铁线莲 *C. peterae* Hand. -Mazz. var. *trichocarpa* W. T. Wang

扬子铁线莲 *C. puberula* Hook. f. et Thoms. var. *ganpiniana*（Levl. et Vant.）W. T. Wang

毛果扬子铁线莲 *C. puberula* Hook. f. et Thoms. var. *tenuisepala*（Maxim.）W. T. Wang

粗齿铁线莲 *C. grandidentata*（Rehd. et Wils.）W. T. Wang

短尾铁线莲 *C. brevicaudata* DC.

山木通 *C. finetiana* Levl. et Vant.

威灵仙 *C. chinensis* Osbeck

毛叶威灵仙 *C. chinensis* Osbeck var. *vestita*（Rhed. & Wils.）W. T. Wang

秦岭铁线莲 *C. obscura* Maxim.

太行铁线莲 *C. kirilowii* Maxim.

狭裂太行铁线莲 *C. kirilowii* Maxim. var. *chanetii*（Levl.）Hand. -Mazz.

圆锥铁线莲 *C. terniflora* DC.

巴山铁线莲 *C. pashanensis*（M. C. Chang）W. T. Wang

尖药巴山铁线莲 *C. pashanensis* var. *latisepata*（M. C. Chang）W. T. Wang

陕西铁线莲 *C. shensiensis* W. T. Wang

柱果铁线莲 *C. uncinata* Champ.

棉团铁线莲 *C. hexapetala* Pall.

长冬草 *C. hexapetala* var. *tchefouensis*（Debeaux）S. Y. Hu

无裂槭叶铁线莲 *C. acerifolia* Maxim. *elobata* S. X. Yan

绣球藤 *C. montana* Buch. Ham. ex DC.

大花绣球藤 *C. montana* var. *longipes* W. T. Wang

黄花铁线莲 *C. intricata* Bunge

毛萼铁线莲 *C. hancockiana* Maxim.

大花威灵仙 *C. courtoisii* Hand. -Mazz.

光柱铁线莲 *C. longistyla* Hand. -Mazz.

大叶铁线莲 *C. heracleifolia* DC.

卷萼铁线莲 *C. tubulosa* var. *ichangensis*（Rehd. & Wils.）W. T. Wang

芹叶铁线莲 *C. aethusifolia* Turcz.

毛蕊铁线莲 *C. lasiandra* Maxim.

华中铁线莲 *C. pseudootophora* M. Y. Fang

长瓣铁线莲 *C. macropetala* Ledeb.

半钟铁线莲 *C. alpina*（L.）Mill. subsp. *ochotensis*（Pall.）Kuntze

（十七）木通科 Lardizabalaceae

1. 猫儿屎属 *Decaisnea* Hook. f. et Thoms.

   猫儿屎 *D. fargesii* Franch.

2. 木通属 *Akebia* Decne.

   三叶木通（八月柞）*A. trifoliata*（Thunb.）Koidz.

   木通（八月柞、五叶木通）*A. quinata*（Thunb.）Decne.

   白木通 *A. trifoliata*（Thunb.）Koidz. subsp. *australis*（Diels）T. Shimizu

3. 鹰爪枫属 *Holboellia* Wall.

   短柄牛姆瓜（短柄鹰爪枫）*H. brevipes*（Hemsl.）P. C. Kuo

   鹰爪枫（野木瓜）*H. coriacea* Diels

   五月瓜藤（野木瓜、五风藤）*H. fargesii* Réaub.

   大花牛姆瓜（牛姆瓜）*H. grandiflora* Réaub.

4. 串果藤属 *Sinofranchetia* Hemsl.

   串果藤 *S. chinensis*（Franch.）Hemsl.

5. 大血藤属 *Sargentodoxa* Rehd. et Wils.

   大血藤（血藤、红藤）*S. cuneata*（Oliv.）Rehd. et Wils.

   单叶大血藤 *S. simplicifolia* S. Z. Qu et C. L. Min

（十八）小檗科 Berberidaceae

1. 小檗属 *Berberis* L.

   蚝猪刺（刺黄柏）*B. julianae* Schneid.

   假毛猪刺 *B. soulieana* Schneid.

   少齿小檗 *B. potaninii* Maxim.

   秦岭小檗（刺黄柏）*B. circumserrata*（Schneid.）Schneid.

   黄刺花 *B. diaphana* Maixm

   涝峪小檗（刺黄檗）*B. gilgiana* Fedde

   毛叶小檗（黄柏刺黄柏）*B. brachypoda* Maxim.

   细叶小檗（刺黄柏）*B. poiretii* Schneid. var. *biseminalis* P. Y. Li

   陕西小檗 *B. shensiana* Ahrendt

   大叶小檗（黄柏、刺黄柏）*B. amurensis* Rupr.

   首阳小檗（黄柏）*B. dielsiana* Fedde

   川鄂小檗（刺黄柏）*B. henryana* Schneid.

   直穗小檗（刺黄柏）*B. dasystachya* Maxim.

   长穗小檗 *B. dolichobotrys* Fedde

   异长穗小檗 *B. feddeana* Schneid.

日本小檗 *B. thunbergii* DC.

紫叶小檗 *B. thunbergii* DC. ‘Atropurpurea’

金叶小檗 *B. thunbergii* DC. ‘Aurea’

2. 十大功劳属 *Mahonia* Nutt.

阔叶十大功劳 *M. bealei*（Fort.）Carr.

十大功劳 *M. fortunei*（Lindl.）Fedde

3. 南天竹属 *Nandina* Thunb.

南天竹 *N. domestica* Thunb.

火焰南天竹 *N. domestica* Thunb. ‘Firepower’

（十九）防己科 Menispermaceae

1. 青牛胆属 *Tinospora* Miers

青牛胆 *T. sagittata*（Oliv.）Gagnep.

2. 千金藤属 *Stephania* Lour.

粉防己（白药子）*S. tetranta* S. Moore

金钱吊乌龟 *S. cepharantha* Hayata

千金藤（水膏药）*S. japonica*（Thunb.）Miers

华千金藤 *S. sinica* Diels

3. 白解藤属 *Cyclea* Arn.

白解藤 *C. racemosa* Oliv.

4. 蝙蝠葛属 *Menispermum* L.

蝙蝠葛（北山豆根、山豆根）*M. dauricum* DC.

5. 木防己属 *Cocculus* DC.

木防己（青藤）*C. trilobus*（Thunb.）DC.

6. 防己属 *Sinomenium* Diels

防己（青桐条、山木通）*S. acutum*（Thunb.）Rehd. et Wils.

毛防己 *S. acutum*（Thunb.）Rehd. et Wils. var. *cinereum*（Diels.）Rehd. et Wils.

（二十）木兰科 Magnoliaceae

1. 木兰属 *Magnolia* L.

夜合花 *M. coco*（Lour.）DC.

荷花玉兰（洋玉兰、广玉兰）*M. grandiflora* L.

天女花（小花木兰）*M. sieboldii* K. Koch

厚朴 *M. officinalis* Rehd. et Wils.

凹叶厚朴 *M. biloba* Cheng

望春玉兰（望春花）*M. biondii* Pamp.

黄山玉兰 *M. cylindrica* Wils.

辛夷（紫玉兰、木兰）*M. liliflora* Desr.

玉兰（白玉兰）*M. denutata* Desr.

飞黄玉兰 *M. denutata* Desr. ‘Feihuang’

武当玉兰(朱砂玉兰、紫玉兰) *M. sprengeri* Pamp.

二乔玉兰 *M. soulangeana* Soul. – Bod.

2. 玉兰属 *Yulania*

天目玉兰 *Y. amoena* (W. C. Cheng) D. L. Fu

3. 木莲属 *Manglietia* Bl.

木莲 *M. fordiana* (Hemsl.) Oliv.

4. 含笑花属 *Michelia* L.

含笑花 *M. figo Spreng.*

黄心夜合 *M. martinii* (Levl.) L’evl.

深山含笑 *M. maudiae* Dunn

黄玉兰(黄兰、黄桷兰) *M. champaca*

5. 拟单性木兰属 *Parakmeria* Hu et Cheng

乐东拟单性木兰 *P. lotungensis* (Chun et C. Tsoong) Law

6. 鹅掌楸属 *Liriodendron* L.

鹅掌楸(马褂木) *L. chinenes* Sarg.

北美鹅掌楸 *L. tulipifera* L.

杂交鹅掌楸 *L. chinense × tulipifera*

7. 八角属 *Illicium* L.

莽草(野八角) *I. lanceolatcm* A. C. smith

红茴香(八角) *I. henryi* Diels

8. 水青树属 *Tetracentron* Oliv.

水青树 *T. sinense* Oliv.

9. 五味子属 *Schisandra* Mickx.

五味子(北五味子) *S. chinensis* Baill.

华中五味子(五味子) *S. sphenanthera* Rehd. et Wils.

铁骨散(狭叶五味子) *S. propinnqua* Baill. var. *sinensis* Oliv.

10. 南五味子属 *Kadsura* Kaempf. ex Juss.

南五味子 *K. longipedunculata* Finet et Gagnep.

(二十一)蜡梅科 Calycanthaceae

1. 蜡梅属 *Chimonanthus* Lindl.

蜡梅 *C. praecox* (L.) Link.

素心蜡梅 *C. praecox* (L.) Link. ‘Concolor’

磬口蜡梅 *C. praecox* (L.) Link. ‘Grandiflorus’

2. 夏蜡梅属 *Calycanthus* Linn.

美国蜡梅 *C. floridus* Linn.

(二十二)樟科 Lauraceae

1. 润楠属 *Machilus* Nees

大叶樟(宜昌润楠) *M. ichangensis* Rehd. et Wils.

2. 楠木属 *Phoebe* Nees

楠木(桢楠、雅楠) *P. zhennan* S. Lee et F. N. Wei

白楠(楠木) *P. neurantha* (Hemsl.) Gamble

紫楠 *P. sheareri* (Hemsl.) Gamble

山楠(大叶楠) *P. chinensis* Chun

竹叶楠 *P. faberi* (Hemsl.) Chun

湘楠(湖南楠) *P. hunanensis* Hand. -Mazz.

闽楠 *P. bournei* (Hemsl.) Yang

3. 樟属 *Cinnamomum* Bl.

樟树(香樟) *C. camphora* (L.) presl

银木 *C. septentrionale* Hand. -Mazz

川桂(官桂) *C. wilsonii* Gamale

天竺桂(土肉桂、浙江樟) *C. japonicum* Sieb.

沉水樟 *C. micranthum* (Hay.) Hay

4. 檫木属 *Sassafras* Trew

檫木(檫树) *S. tzumu* (Hemsl.) Hemsl.

5. 黄肉楠属 *Actinodaphne* Nees

红果黄肉楠(红果楠) *A. cupularis* (Hemsl.) Gamble

6. 木姜子属 *Litsea* Lam.

天目木姜子 *L. auriculata* Chien et Cheng

秦岭木姜子 *L. tsinlingensis* Yang et P. H. Huang

木姜子(山胡椒) *L. pungens* Hemsl.

黄丹木姜子(长叶木姜子) *L. elongata* (Wall.) Benth. et Hook. f.

豹皮樟(扬子黄肉楠) *L. coreana* Levl. var. *sinensis* (Allen) Yang et P. H. Huang

毛豹皮樟 *L. coreana* Levl. var. *lanuginosa* (Migo) Yang et P. H. Huang

7. 新木姜子属 *Neolitsea* Merr.

簇叶新木姜子(密叶新木姜子) *N. confertifolia* (Hemsl.) Merr.

8. 山胡椒属、钓樟属 *Lindera* Thunb.

三桠乌药(大叶甘橿) *L. obtusiloba* Bl.

香叶子 *L. fragrans* Oliv. (*L. rostbornii* Diels)

乌药(三条筋) *L. aggregata* (Sims.) Kosterm.

长叶乌药(乌药) *L. pulcherrima* (Wall.) Benth. var. hemsleyana (Diels) H. P. Tsui

绿叶甘橿(甘橿) *L. fruticosa* Hemsl.

红脉钓樟(庐山乌药) *L. rubronervia* Gamble

黑壳楠 *L. megaphylla* Hemsl.

香叶树 *L. communis* Hemsl.

狭叶山胡椒(水牛筋条) *L. angustifolia* Cheng

山橿(土沉香、钓樟) *L. reflexa* Hemsl.

山胡椒(牛筋条、小叶甘橿) *L. glauca* (Sieb. et Zucc.) Bl.

河南山胡椒 *L. henanensis* Tsui

红果山胡椒(甘橿) *L. erythrocarpa* Makino

浙江山胡椒(钱氏钓樟、小叶甘橿) *L. chienii* Cheng

山橿(钓樟) *L. Umbellata* var. *latifolium* Thunb.

大果山胡椒 *L. praecox* (Sieb. et Zucc.) Bl.

9. 月桂属 *Laurus* L.

月桂(月桂树) *L. nobilis* L.

(二十三)虎耳草科 Saxifragaceae

1. 钻地风属 *Schizophragma* Sieb. et Zucc.

钻地风(桐叶藤) *S. integrifolium* Oliv.

小齿钻地风 *S. integrifolium* Oliv. f. *denticulatum* (Rehd.) Chun

心叶钻地风 *S. integrifolium* Oliv. f. *cordatum* S. Y. Wang

2. 绣球属 *Hydrangea* L.

绣球(阴绣球、八仙花) *H. macrophylla* (Thunb.) Ser.

中国绣球 *H. chinensis* Maxim.

圆锥绣球(白花丹) *H. paniculata* Sieb.

东陵绣球(东陵八仙花) *H. bretschneideri* Dippel

挂苦绣球(黄脉绣球) *H. xanthoneura* Diels

蜡莲绣球(土常山) *H. strigosa* Rehd.

狭叶蜡莲绣球 *H. strigosa* Rehd. var. *angustifolia* (Hemsl.) Rehd.

长柄绣球(莼兰绣球) *H. longipes* Franch.

大枝绣球 *H. longipes* var. *rosthornii* (Diels) W. T. Wang

冠盖绣球(藤绣球) *H. anomala* D. Don

3. 赤壁草属 *Decumaria* L.

赤壁木(十出花) *D. sinensis* Oliv.

4. 溲疏属 *Deutzia* Thunb.

黄山溲疏 *D. glauca* Cheng

疏花溲疏 *D. schneideriana* Rehd. var. *laxiflora* Rehd.

齿叶溲疏 *D. crenata* Thunb.

重瓣齿叶溲疏 *D. crenata* Thunb. ‘Plean’

白花重瓣溲疏 *D. crenata* Thunb. ‘Candidissima’

黄斑溲疏 *D. crenata* Thunb. ‘Marmorata’

白斑溲疏 *D. crenata* Thunb. ‘Punctata’

大花溲疏(华北溲疏) *D. grandiflora* Bunge

楔叶大花黄溲疏 *D. grandiflora* Bunge. var. *baroniana*（Diels）Rehd.

李叶溲疏 *D. hamata* Koehne（*D. prunifolia* Rehd.）

长梗溲疏（毛脉溲疏）*D. vilmorinae* Lem. et Bois

异色溲疏 *D. discolor* Hemsl.

粉背溲疏 *D. hypoglauca* Rehd.

无毛溲疏（光萼溲疏）*D. glabrata* Kom.

小花溲疏 *D. parviflora* Bungo

粉红溲疏 *D. rubens* Rehd.

多花溲疏 *D. setchuenensis* Franch. var. *corymbiflora*（Lemoine ex Andre）Rehd

5. 山梅花属 *Philadelphus* L.

太平花（京山梅花）*P. pekinensis* Rupr.

山梅花（密密柴）*P. incanus* Koehne

绢毛山梅花（土常山）*P. sericanthus* Koehne

毛萼山梅花 *P. dasycalyx*（Rehd.）S. Y. H

6. 茶藨子属 *Ribes* L.

刺梨（刺李）*R. burejense* Fr. Schmidt

大刺茶藨子（高山醋栗）*R. alpestre* Wall. ex Decne.

腺毛茶藨子（陕西茶藨子）*R. giraldii* Jancz.

华茶藨子 *R. fasciculatum* Sieb. et Zucc. var. *chinense* Maxim.

川西茶藨子 *R. acuminatum* Wall.

尖叶茶藨子 *R. maximowiczianum* Kom.

冰川茶藨子 *R. glaciale* Wall.

细枝茶藨子 *R. tenue* Jancz.

长穗茶藨子（长串茶藨子）*R. longiracemosum* Franch.

腺毛长串茶藨子 *R. longiracemosum* Franch. var. *davidii* Jancz.

山麻子（东北茶藨子）*R. manshuricum*（Maxim.）Komar.

光叶山麻子 *R. mandshuricum* Komar. var. *subglabrum* Komar.

宝兴茶藨子 *R. moupinense* Franch.

糖茶藨子 *R. emodense* Rehd.

瘤糖茶藨子 *R. emodense* Rehd. var. *verruculosum* Rehd.

疏腺茶藨子 *R. himalense* Royle ex Decne. var. *glandulosum* Jancz

（二十四）海桐科 Pittosporaceae

海桐属 *Pittosporum* Banks

海桐 *P. tobira* Ait.

厚圆果海桐（秦岭海桐、小子海桐）*P. rehderianum* Gowda

海金子（崖花海桐）*P. illicioides* Makino

狭叶海桐 *P. glabratum* Lindl. var. *neriifolium* Rehd. et Wils.

崖花子（菱叶海桐）*P. truncatum* Ritz.

（二十五）金缕梅科 Hamamelidaceae

1. 枫香属 *Liquidambar* L.

   枫香树（大叶枫、枫树） *L. formosana* Hance

   北美枫香（美国枫香） *L. styraciflua* L.

2. 木檵属 *Loropetalum* R. Br.

   檵木（檵花） *L. chinense* Oliv.

   红花檵木 *L. chinense* var. *rubrum*

3. 金缕梅属 *Hamamelis* Gronov. ex L.

   金缕梅 *H. mollis* Oliv.

4. 蜡瓣花属 *Corylopsis* Sieb. et Zucc.

   蜡瓣花（中华蜡瓣花） *C. sinensis* Hemsl.

5. 牛鼻栓属 *Fortunearia* Rehd. et Wils.

   牛鼻栓 *F. sinensis* Rehd. et Wils.

6. 山白树属 *Sinowilsonia* Hemsl.

   山白树 *S. henryi* Hemsl.

7. 蚊母树属 *Distylium* Sieb. et Zucc.

   蚊母树（蚊子树）*D. racemosum* Sieb. et Zucc.

   中华蚊母树 *D. chinense*（Franch. ex Hemsl.）Diels

8. 水丝梨属 *Sycopsis* Oliv.

   水丝梨 *S. sinensis* Oliv.

9. 银缕梅属 *Parrotia*

   银缕梅 *P. subaequalis*

（二十六）杜仲科 Eucommiaceae

杜仲属 *Eucommia* Oliv.

杜仲 *E. ulmoides* Oliv.

（二十七）悬铃木科 Platanaceae

悬铃木属 *Platanus* L.

三球悬铃木（悬铃木） *P. orientalis* L.

一球悬铃木 *P. occidentalis* L.

二球悬铃木 *P.* ×*acerifolia*（Aiton）Willd.

（二十八）蔷薇科 Rosaceae

1. 绣线菊属 *Spiraea* L.

   尖叶绣线菊 *S. fritschiana* L. f.

   渐尖叶粉花绣线菊（尖叶绣线菊） *S. japonica* var. *acuminata* Franch.

   光叶粉花绣线菊 *S. jagonica* var. *fortunei* Rehd.

   华北绣线菊（大叶石棒子）*S. fritschiana* Schneid.

   大叶华北绣线菊 *S. fritschiana* Schneid. var. *angulata*（Fritsch. ex Schneid）Rehd.

   乌拉绣线菊 *S. uratensis* Franch.

长芽绣线菊（石棒子） *S. longigemmis* Maxim.
南川绣线菊 *S. rosthornii* Pritz.
翠蓝绣线菊 *S. henryi* Hemsl.
陕西绣线菊 *S. wilsonii* Duthie.
鄂西绣线菊（小叶石棒子） *S. veitchii* Hemsl.
广椭绣线菊（卵叶绣线菊） *S. ovalis* Rehd.
耧斗菜叶绣线菊（耧斗叶绣线菊） *S. aquilegifoia* Pall.
金丝桃叶绣线菊 *S. hypericifolia* L.
珍珠绣线菊 *S. thunbergii* Sieb. ex Bl.
李叶绣线菊 *S. prunifolia* Sibe. et Zucc.
单瓣李叶绣线菊 *S. prunifola* Sibe. et Zucc. var. *simpliciflora* Nakai
绢毛绣线菊 *S. sericea* Turcz.
欧亚绣线菊 *S. media* Schmidt
蒙古绣线菊（小叶石棒子）*S. mongolica* Maxim.
高山绣线菊 *S. alpina* Pall.
细枝绣线菊 *S. myrtilloides* Rehd.
土庄绣线菊（柔毛绣线菊） *S. pubescens*. Turcz. （*S. trilobata* L. var. *pubescens* Regel）
毛果土庄绣线菊（毛果柔毛绣线菊） *S. pubescens* var. *lasiocarpa* Nakai
毛花绣线菊 *S. dasynantha* Bunge
中华绣线菊 *S. chinensis* Maxim.
疏毛绣线菊 *S. hirsuta* （Hemsl. ） Schenid.
圆叶梳毛绣线菊 *S. hirsuta* （Hemsl. ） Schenid. var. *rotundifolia*（Hemsl. ） Rehd.
麻叶绣线菊 *S. cantoniensis* Lour.
石蚕叶绣线菊 *S. chamaedry folia* L.
三裂绣线菊（圆叶绣球） *S. trilobata* L.
绣球绣线菊 *S. blumei* G. Don.
毛果绣球绣线菊 *S. blumei* G. Don. var. *pubicarpa* Cheng
小叶绣球绣线菊 *S. blumei* G. Don. var. *microphylla* Rehd.
中华绣线菊 *S. chinensis* Maxim.
粉花绣线菊 *S. japonica* L. f.
绣线菊 *S. salicifolia* L.

2. 珍珠梅属 *Sorbaria* （Ser. ）A. Br. ex Aschers.

毛叶高丛珍珠梅（野生珍珠梅、干柴狼） *S. arborea* var. *subtomentosa* Rehd.
光叶高丛珍珠梅 *S. arboria* Schenid. var. *glagrata* Rehd.
珍珠梅 *S. sorbifolia* （L. ） A. Br.
华北珍珠梅 *S. kirilowii*（Regel）Maxim.

3. 绣线梅属 *Neillia* D. Don

毛叶绣线梅 *N. ribesioides* Rehd.

中华绣线梅 *N. sinensis* Oliv.

4. 野珠兰属 *Stephanandra* Sieb. et Zucc.

华空木(野珠兰) *S. chinensis* Hance.

5. 白鹃梅属 *Exochorda* Lindl.

白鹃梅(白花菜、龙牙菜) *E. racemosa* (Lindl.) Rehd.

红柄白鹃梅(花儿菜) *E. giraldii* Hesse

绿柄白鹃梅 *E. giraldii* var. *wilsonii* (Rehd.) Rehd.

6. 栒子属 *Cotoneaster* (B. Ehrhart) Medic.

水栒子(栒子木、香李) *C. multiflorus* Bunge

大果水栒子 *C. multiflorus* var. *calocarpus* Rehd. et Wils.

毛叶水栒子 *C. submultiflours* Popov

华中栒子 *C. silvestrii* Pamp.

匍匐栒子 *C. adpressus* Bois.

平枝栒子 *C. horizontalis* Dcne.

小叶平枝栒子 *C. horizontalis* var. *perpusillus* Schneid.

黑果栒子 *C. melanocarpus* Lodd.

灰栒子(尖叶栒子) *C. acutifolius* Turcz.

密毛灰栒子(毛叶灰栒子) *C. acutifolius* var. *villosulus* Rehd. et Wils.

宝兴栒子 *C. moupinesis* Franch.

麻核栒子 *C. foveolatus* Rehd. et Wils.

川康栒子 *C. ambiguus* Rehd. et Wils.

细弱栒子(细枝栒子) *C. gracilis* Rehd. et Wils

西北栒子(土兰条) *C. zabelii* Schneid.

散生栒子 *C. divaricatus* Rehd. et Wils.

7. 火棘属 *Pyracantha* Roem.

全缘火棘 *P. atalantioides* (Hance) Stapf

细圆齿火棘 *P. crenulata* (D. Don) Roem

火棘 *P. frotuneana* (Maxim.) H. L. Li

'小丑'火棘 *P. fortuneana* 'Harlequin'

8. 山楂属 *Crataegus* L.

山楂(北楂) *C. pinnatifida* Bunge

山里红(大果山楂) *C. pinnatifida* var. *major* N. E. Br.

湖北山楂(木猴梨) *C. hupehensis* Sarg.

野生楂(牧虎梨、小叶山楂) *C. cunaeta* Sieb. et Zucc.

华中山楂(野山楂) *C. wilsonii* Sarg.

橘红山楂 *C. aurantia* Pojark

辽宁山楂(红果山楂) *C. sanguinea* Pall.

甘肃山楂 *C. kansuensis* Wils.

9. 红果树属 *Stranvaesia* Lindl.

红果树 *S. davidiana* Dance.

波叶红果树 *S. davidiana* var. *Undulata*（Dcne.）Rehd. et Wils.

10. 石楠属 *Photinia* Lindl.

贵州石楠(椤木石楠) *P. bodinieri* Lévl.

石楠 *P. serrulata* Lindl.

光叶石楠 *P. glabra*(Thunb.) Maxim.

小叶石楠(牛筋木) *P. parvifolia*(Pritz.) Schneid.

中华石楠 *P. beauverdiana* Schneid.

短叶中华石楠 *P. beauverdiana* var. *brevifolia* Card.

毛叶石楠 *P. villosa*(Thunb.) DC.

无毛毛叶石楠(无毛石楠) *P. villosa* var. *sinica* Rehd. et Wils

短叶石楠 *Photinia blinii*（Lévl.）Rehd.

红叶石楠 *Photinia* × *fraseri* Dress

11. 枇杷属 *Eriobotrya* Lindl.

枇杷 *E. jopanica*(Thunb.) Lindl.

12. 花楸属 *Sorbus* L.

水榆花楸(水榆) *S. alnifolia*（Sieb. et Zucc.）K. Koch.

美脉花楸 *S. caloneura*（Stapf）Rehd.

石灰花楸(石灰树)*S. folgneri*(Schneid.) Rehd.

江南花楸(黄脉花楸) *S. hemsleyi*(Schneid.) Rehd.

北京花楸 *S. discolor*（Maxim.）Maxim.

花楸树 *S. pohuashanensis*（Hance）Hedl.

湖北花楸 *S. hupehensis* Schneid.

陕甘花楸 *S. koehneana* Schneid.

欧洲花楸 *S. aucuparia* L.

13. 榅桲属 *Cydonia* Mill.

榅桲(木梨) *C. oblonga* Mill.

14. 木瓜属 *Chaenomeles* Lindl.

皱皮木瓜(贴梗海棠) *C. speciosa*(Sweet)Nakia.

毛叶木瓜(木桃 木瓜海棠) *C. cathayensis*(Hemsl.) Schneid.

日本木瓜(日本贴梗海棠) *C. japonica*（Thunb.）Lindl.

木瓜(木瓜树) *C. sisnesis*（Thouin)koehne.

15. 梨属 *Pyrus* L.

楸子梨(秋子梨、酸梨、花盖梨) *P. ussuriensis* Maxim.

麻梨(小沙梨) *P. serrulata* Rehd.

栽培西洋梨 *P. communis* var. *sativa*(DC.)DC.

红茄梨 P. *communis* var. *Red Clapp's Favarite*

木梨（野梨、酸梨） *P. xerophila* Yu.

太行山梨（太行梨） *P. taihangshanensis* S. Y. Wang et C. L. Chang

豆梨（棠梨） *P. calleryana* Decne.

毛豆梨 *P. calleryana* var. *tomentella* Rehd.

白梨 *P. bretschenideri* Rehd.

玉露香梨 *P. bretschneideri* Rehd. var. *Yulu xiang*

沙梨（大沙梨） *P. pyrifolia* （Burm. f. ）Nakia.

杜梨（棠梨） *P. betulaefolia* Bunge

褐梨 *P. phaeocarpa* Rehd.

16. 苹果属 *Malus* Mill.

山荆子（山定子） *M. baccata* （L. ） Borkh

垂枝山荆子 *M. baccata* var. *gracilis* （Rehder） T. C. Ku

毛山荆子 *M. manshurica* （Maxim. ） Kom.

湖北海棠（茶海棠、野海棠） *M. Hupehensis* （Pamp. ） Rehd.

垂丝海棠 *M. halliana* Koehne.

苹果 *M. pumila* Mill.

黄香蕉苹果 *M. pumila* Mill. var. *Gold delicious*

瑞士红肉苹果红色之爱 *M. pumila* Mill. var. *Red Love*

花红（沙果） *M. asiatica* Nakai.

楸子（海棠果） *M. prunifolia* （Willd. ）Borkh.

海棠花 *M. spectabilis* （Ait. ） Borkh.

重瓣粉海棠（重瓣海棠） *M. spectabilis* var. *riversii* Rehd.

重瓣白海棠 *M. spectabilis* var. *albiplena* Schelle

西府海棠（小果海棠）*M.* ×*micromalus* Makino

河南海棠 *M. honanensis* Rehd

三叶海棠 *M. sieboldii* （Regel） Rehd.

花叶海棠 *M. transitoria* （Batal. ） Schneid.

陇东海棠（甘肃海棠） *M. kansuensis* （Batal. ） Schneid.

光叶陇东海棠（无毛甘肃海棠） *M. kansuensis* var. *calva* （Rehder） T. C. Ku et

17. 唐棣属 *Amelanchier* Medic.

唐棣（红枸子）*A. sinica* （Schneid. ） Chun

18. 棣棠花属 *Kerria* DC.

棣棠花（通草、黄榆叶梅） *K. japonica* （L. ） DC.

重瓣棣棠花 *K. japonica* DC. f. *pleniflora* （Witt. ） Rehd

19. 鸡麻属 *Rhodotypos* Sieb. et Zucc.

鸡麻 *R. scandens* （Thunb. ）Makino

20. 悬钩子属 *Rubus* L.

高粱泡 *R. lambertianus* Ser.

光滑高粱泡(光叶高粱泡) *R. lambertianus* var. *glaber* He msl
灰白毛莓 *R. tephrodes* Hance
三花悬钩子 *R. trianthus* Focke
木莓 *R. swinhoei* Hance
寒莓 *R. buergeri* Miq.
山莓 *R. corchorifolius* L. f.
盾叶莓 *R. peltatus* Maxim.
牛迭肚(山楂叶悬钩子) *R. crataegifolius* Bunge
粉枝莓(二花悬钩子) *R. biflorus* Buch. -Ham.
绵果悬钩子(毛柱悬钩子) *R. lasiostylus* Focke
红毛悬钩子 *Rubus wallichianus* Wight et Arn.
蓬蘽 *R. hirsutus* Thunb.
多腺悬钩子 *R. phoenicolasius* Maxim.
茅莓(红蒙子) *R. parvifolius* L.
腺花茅莓 *R. parvifolius* var. *adenochlamys* (Focke) Migo
腺毛莓(红蒙子刺) *R. adenophorus* Rolfe
覆盆子(复盆子) *R. idaeus* L.
喜阴悬钩子 *R. mesogaeus* Focke
白叶莓 *R. innominatus* S. Moore
无腺白叶莓 *R. innominatus* var. *kuntzeanus* (Hemsl.) Bailey
秀丽莓(美丽悬钩子) *R. amabilis* Focke
香莓(刺悬钩子) *R. pungens* var. *oldhamii* (Miq.) Maxim
菰帽悬钩子(疏刺悬钩子) *R. pileatus* Focke
红藨刺藤(红泡刺藤) *R. niveus* Thunb.
插田泡(高丽悬钩子) *R. coreanus* Miq.
毛叶插田泡(白毛高丽悬钩子) *R. coreanus* var. *tomentosus* Card.
柱序悬钩子 *R. subcoreanus* Yu et Lu
华中悬钩子 *R. cockburnianus* Hemsl.
弓茎悬钩子 *R. flosculosus* Focke
拟复盆子 *R. ideaopsis* Focke.
黄果悬钩子 *R. xanthocarpus* Bur. et Franch.
黑莓(树莓) *R. fruticosus* L.
陕西悬钩子 *R. piluliferus* Focke
密刺悬钩子 *R. subtibetanus* Hand. -Mazz.
毛果悬钩子 *R. ptilocarpus* Yu et Lu

21. 萎陵菜属 *Potentilla* L.

伏毛银露梅(华西银蜡梅) *P. arbuscula* var. *veitchii* (E. H. Wilson) Liou

22. 蔷薇属 *Rosa* L.

金樱子(刺李) *R. laevigata* Michx.

木香花(木香) *R. banksiae* Aiton

单瓣白木香(白木香) *R. banksiae* Aiton var. *normalis* Regel

单瓣黄木香(黄木香) *Rosa banksiae* f. *lutescens* Voss.

小果蔷薇(山木香) *R. cymosa* Tratt.

毛山叶木香 *R. cymosa* var. *puberula* Yu et ku

香水月季(香蔷薇) *R. odorata* (Andr.) Sweet

月季(月月红) *R. chinensis* Jacq.

小月季 *R. chinensis* var. *minima* Voss.

紫月季花 *R. chinensis* var. *semperflorens* (Curtis) Koehen

野蔷薇(蔷薇、红根) *R. multiflora* Thunb.

粉团蔷薇 *R. multiflora* Thunb. var. *cathayensis* Rehd. et Wils

七姊妹 *R. multiflora* 'Grevillei'

白玉堂 *R. multiflora* var. *albo-plena* Yu et ku

软条七蔷薇(湖北蔷薇、山刺玫) *R. henryi* Bouleng.

悬钩子蔷薇 *R. rubus* Levl. et Vant.

卵果蔷薇(巴东蔷薇) *R. helenae* Rehd. et Wils.

缫丝花(刺梨) *R. roxburghii* Tratt.

法国蔷薇(洋蔷薇) *R. gallica* L.

百叶蔷薇 *R. centifolia* L.

峨眉蔷薇 *R. omeiensis* Rolfe

扁刺峨眉蔷薇 *R. omeiensis* Rolfe f. *pteracantha* (Franch.) Rehd. et. Wils.

樱草蔷薇 *R. primula* Bouleng. (*R. xanthina* f. *normalis* Rehd. et. Wils.)

黄蔷薇 *R. hugonis* He Hemsl

黄刺玫 *R. xanthina* Lindl.

单瓣黄刺玫 *R. xanthina* f. *normalis* Rehd. et Wils

玫瑰 *R. rugosa* Thunb.

粉红单瓣玫瑰 *R. rugosa* f. *rosea* Rehd.

白花单瓣玫瑰 *R. rugosa* f. *alba* Rehd.

紫花重瓣玫瑰 *R. rugosa* f. *plena* Byhouwer

白花重瓣玫瑰 *R. rugosa* f. *alba-plena* Rehd.

刺梗蔷薇 *R. corymbulosa* Rolfe

西北蔷薇 *R. davidii* Crep.

刺毛蔷薇 *R. setipoda* Hemsl. et Wils

拟木香(假木香) *R. banksiopsis* Baker

尾萼蔷薇 *R. caudata* Baker

扁刺蔷薇 *R. sweginzowii* Koehne

陕西蔷薇 *R. giraldii* Crep.

华西蔷薇(红花蔷薇) *R. moyesii* Hemsl. et Wils.

美蔷薇(野玫瑰) *R. bella* Rehd. et Wils.

钝叶蔷薇 *R. sertata* Rolfe

23. 扁核木属 *Prinsepia* Royle

蕤核(扁核木、刺桃子) *P. uniflora* Batal.

24. 桃属 *Amygdalus* L. (*Prunus* L.)

巴旦杏(扁桃) *A. communis* L.

榆叶梅 *A. triloba*(Lindl.)Ricker.

重瓣榆叶梅 *A. triloba* 'Multiplex' (Bunge) Rehd.

鸾梅(鸾枝梅) *A. triloba* Ricker. var. *petzoldii* (K. Koch) Bailey

山桃(毛桃) *A. davidiana* (Carr.)C. de Vos ex Henry

红花山桃 *A. davidiana* var. *rubra* Bean.

白山桃(白花山桃) *A. davidiana* f. *alba* (Carr.) Rehd.

桃(桃树) *A. persica* L.

离核毛桃 *A. persica* var. *aganopersica* Reich.

油桃 *A. persica* var. *nectarine* Sol.

粘核光桃 *A. persica* var. *scleronucipersica* Yu et Lu

蟠桃(扁桃) *A. persica* var. *compressa* (Loud.) Yu et Lu

单瓣白桃(单瓣白花桃) *A. persica* 'Alba' (Lindl.) Schneid.

紫叶桃 *A. persica* 'Atropurpurea' Schneid.

碧桃 *A. persica* 'Duplex' Rehd.

寿星桃 *A. persica* 'Densa' Makino

千瓣白桃(白碧桃) *A. persica* 'albo-plena' Schneid.

垂枝碧桃(垂枝桃) *A. persica* f. *pendula* Dipp.

甘肃桃 *A. kansuensis* (Rehd.) Skeels

25. 杏属 *Armeniaca* Mill

杏(杏树) *A. vulgaris* Lam.

野杏 *A. vulgaris* Lam. var. *ansu* (Maxim.) Yu et Li

山杏(西伯利亚杏) *A. sibirica* (L.) Lam.

梅(酸梅、乌梅) *A. mume* Sieb.

江梅 *A. mume* f. *simpliciflora* T. Y. Cheng

红梅 *A. mume* Sieb. f. *alphandii* (Carri Šre) Rehder

玉蝶梅 *A. mume* Sieb. f. *albo-plena* (Bailey) Rehd.

垂枝梅 *A. mume* 'Pendula'

骨里红梅 *A. mume* var. *typica* Chinnabar Purple Form

26. 李属 *Prunus* L.

白梅 *P. mume* f. *alba* (CarriŠre) Rehder

杏李(李米杏) *P. simonii* Carr.
紫叶李(红叶海棠、红叶李) *P. cerasifera* ‘Pissardii’
俄罗斯紫叶李(速生紫叶李) *P. cerasifera* f. *atropurpurea*
李(山李子) *P. salicina* Lindl.
紫叶稠李 *P. virginiana* ‘Canada Red’
樱桃李 *P. cerasifera* Ehrhart
欧洲李 *P. domestica* L.
日本早樱 *P. subhirtella*
美人梅 *Prunus* × *blireana* cv. *Meiren*
紫叶矮樱(紫叶樱花) *Prunus* × *cistena*

27. 樱属 *Cerasus* Mill. (*Prunus* L.)
长腺樱桃 *C. claviculata* Yu et Li
四川樱桃(盘腺樱桃) *C. szechuanica* (Batal.) Yu et Li
盘腺樱桃 *C. discadenia* (Koehne) C. L. Li et S. Y.
锥腺樱桃 *C. conadenia* (Koehne) Yu et Li
康定樱桃 *C. tatsiensis* (Batal.) Yu et Li
微毛樱桃 *C. clarofolia* (Schneid.) Yu et Li
多毛樱桃 *C. polytricha* (Koehne) Yu et Li
尾叶樱桃 *C. dielsiana* (Schneid.) Yu et Li
樱桃 *C. pseudocerasus* (Lindl) G. Gon.
东京樱花(日本樱花) *C. yedoensis* (Matsum.) Yu et Li
山樱花(山樱桃、黑樱桃) *C. serrulata* (Lindl.) G. Don
日本晚樱 *Cerasus serrulata* var. *lannesiana* (Carr.) Makino
毛叶山樱花(毛山樱花) *C. serrulata* var. *pubescen* (Makino) Yu et Li
灰毛叶樱桃(灰毛樱桃) *P. canescens* Bois
华中樱桃 *C. conradinae* (Koehne) Yu et Li
毛樱桃(山樱桃、野樱桃) *C. tomentosa* (Thunb.) Yas. Endo
郁李 *C. japonica* (Thunb.) Lois.
毛叶欧李(显脉樱桃、牛李) *C. dictyoneura* (Diels) Yü
麦李 *C. glandulosa* (Thunb.) Sokoloff
粉花麦李 *C. glandulosa* f. *rosea* Koehne
白花重瓣麦李(白千瓣麦李) *C. glandulosa* f. *albo-plena* Koehne
粉花重瓣麦李(红千瓣麦李) *C. glandulosa* f. *sinensis* (Pers.)
欧李(牛李) *C. hummilis* (Bunge) Sok. & Liou

28. 稠李属 *Padus* Mill.
橉木(柏氏稠李、桃子木) *P. buergeriana* (Miquel) Yu et Li
星毛稠李(桃子树) *P. stellipila* (Koehne) Yü et Ku
绢毛稠李(桃子木) *P. wilsonis* Schneid.

稠李(桃子木) *Padus avium* Mill.

毛叶稠李 *Padus avium* var. *pubescens* (Regel et Tiling) T. C. Ku

毡毛稠李 *P. velutina* (Batal.) Schneid.

短梗稠李(短柄稠李、长序稠李) *P. brachypoda* (Batal.) Schneid.

细齿稠李 *P. obtusata* (Koehne) Yu et Ku

灰叶稠李 *P. grayana* (Maxim.) Schneid.

29. 臭樱属 *Maddenia* Hook. f. et Thoms.

臭樱(假稠李) *M. hypoleuca* Koehne

锐齿臭樱 *M. incisoserrata* Yü et Ku

(二十九)豆科 Leguminosae

1. 合欢属 *Albizzia* Durazz.

山槐(夜合) *A. kalkora*(Roxb.)Prain

合欢(绒花树、夜合树) *A. julibrissin* Durazz.

2. 肥皂荚属 *Gymnocladus* L.

肥皂荚(肉皂荚) *G. chinensis* Baill.

3. 皂荚属 *Gleditsia* L.

皂荚(皂角) *G. sinensis* Lam.

野皂荚(山皂荚 、马角刺) *G. microphylla* Gordon ex Y. T. Lee

山皂荚(日本皂荚) *G. japonica* Miq.

美国皂荚 *G. triacanthos* Linn.

金叶皂荚 *G. triacaanthos* Linn. 'Sunburst'

锐齿臭樱 *M. incisoserrata* Yü et Ku

4. 云实属 *Caesalpinia* L.

云实 *G. decapetala* (Roxb) Alston

5. 紫荆属 *Cercis* L.

湖北紫荆(伏牛紫荆、巨紫荆) *C. glabra* Pamp.

紫荆(乌桑、紫荆花) *C. chinensis* Bunge

短毛紫荆(毛紫荆) *C. chinensis* f. *pubescens* Wei

白花紫荆 *C. chinensis* f. *alba* P. S. Hsu

加拿大紫荆 *C. Canadensis* L.

6. 红豆树属 *Ormosia* Jacks

花榈木 *O. henryi* Prain

红豆树 *O. hosiei* Hemsl. et Wils.

7. 槐属 *Sophora* L.

白刺花(狼牙刺) *S. davidii* (Franch.) Skeels

槐(国槐) *S. japonica* L.

龙爪槐(倒栽槐) *S. japonica* var. *pndula* Loud.

五叶槐(五爪槐) *S. japonica* 'Oligophylla'

毛叶槐(紫花槐) *S. japonica* var. *pubescens* (Tausch.) Boess

金叶国槐 *S. japonica* cv. *Jinye*

聊红槐 *S. japonica*'LiaoHong'

五色槐 *S. japonica* var. *Violacea*

金枝槐 *S. japonica* cv. *Golden Stem*

柳叶槐 *S. dunnii* Prain

小叶槐 *S. microphylla*

8. 香槐属 *Cladrastis* Rafin.

翅荚香槐 *C. platycarpa* (Maxim.) Makino

香槐(山荆) *C. wilsonii* Takeda

小花香槐 *C. delavayi* (Franch.) Prain

9. 马鞍树属 *Maackia* Rupr. et Maxim.

光叶马鞍树 *M. tenuifolia* (Hemsl) Hand. -Mazz.

马鞍树(山槐树) *M. hupehenisis* Takeda

华山马鞍树 *M. hwashanensis* W. T. Wang

朝鲜槐 *M. amurensis* Rupr. et Maxim.

10. 鹰爪豆属 *Spartium* L.

鹰爪豆 *S. junceum* L.

11. 木蓝属 *Indigofera* L.

华东木蓝 *I. fortunei* Craib

兴山木蓝(华中木蓝) *I. decora* var. *chalara* (Craib) Y. Y. Fang et

花木蓝 *I. kirilowii* Maxim. ex Palibin

苏木蓝 *I. carlesii* Craib

宜昌木蓝(山豆根) *I. decora* var. *ichangensis* (Craib) Y. Y. Fang et C. Z. Zheng

多花木蓝 *I. amblyantha* Craib

野青树 *I. suffruticosa* Mill.

木蓝 *I. tinctoria* L.

甘肃木蓝(波氏木蓝) *I. potanini* Craib

河北木蓝(野蓝枝、马棘) *I. bungeana* Walp.

12. 紫穗槐属 *Amorpha* L.

紫穗槐(紫穗条) *A. fruticosa* L.

13. 紫藤属 *Wisteria* Nutt.

多花紫藤(葛花、藤萝) *W. floribunda* (Willd.) DC.

紫藤(葛花、葛藤) *W. sirensis* (Sims) Sweet

藤萝(葛花) *W. villosa* Rehd.

14. 刺槐属 *Robinia* L.

刺槐(刺儿槐) *R. pseudoacacia* L.

香花槐 *R. pseudoacacia* cv. *idaho*

毛刺槐 *R. hispida* L.

红花刺槐 *Robinia* × *ambigua* '*Idahoensis*'

15. 苦马豆属 *Sphaerophysa* DC.

苦马豆（牤牛蛋）*Sphaerophysa* salsula (Pall.) DC.

16. 膀胱豆属 *Colutea* L.

膀胱豆 *C. delavayi* Franch.

17. 锦鸡儿属 *Caragana* Fabr.

毛掌叶锦鸡儿 *C. leveillei* Kom.

红花锦鸡儿（茶花根）*C. rosea* Turcz. ex Maxim.

锦鸡儿（白茶花根）*C. sinica* (Buc'hoz) Rehd.

柄荚锦鸡儿 *C. stipitata* Kom.

树锦鸡儿 *C. arborescens* Lam.

北京锦鸡儿 *C. pekinensis* Kom.

小叶锦鸡儿 *C. microphylla* Lam.

18. 小槐花属 *Ohwia*

小槐花 *O. caudata* (Thunb.) Ohashi

19. 山蚂蝗属 *Desmodium* Desv.

长波叶山蚂蝗（波叶山蚂蝗、山绿豆）*D. sequax* Wall.

四川山蚂蝗 *D. szechuenense* (Graib) Schindl.

20. 长柄山蚂蝗属 *Hylodesmum*

长柄山蚂蝗（圆菱叶山蚂蝗）*H. podocarpum* (DC.) H. Ohashi et R. R. Mill

宽卵叶长柄山蚂蝗 *H. podocarpum* subsp. *fallax* (Schindl.) H. Ohashi et R. R. Mill

羽叶长柄山蚂蝗（羽叶山蚂蝗）*H. oldhamii* (Oliv.) H. Ohashi et R. R.

尖叶长柄山蚂蝗（山蚂蝗）*H. podocarpum* subsp. *oxyphyllum* (DC.) H. Ohashi et R. R. Mill

21. 胡枝子属 *Lespedzea* Michx.

胡枝子 *L. bicolor* Turcz.

美丽胡枝子 *Lespedeza thunbergii* subsp. *formosa* (Vogel) H. Ohashi

短梗胡枝子 *L. cyrtobotrya* Miq.

绿叶胡枝子 *L. buergeri* Miq.

细梗胡枝子 *L. virgata* (Thunb.) DC.

兴安胡枝子（达乌里胡枝子）*L. davcerica* (Laxm.) Schindl.

绒毛胡枝子（山豆花、猫耳朵草）*L. tomentosa* (Thunb.) Sieb. ex Maxim.

多花胡枝子 *L. floribunda* Bungge

长叶铁扫帚（铁扫帚）*L. caraganae* Bunge

赵公鞭（尖叶铁扫帚）*L. hedysaroides* (Pall.) Kitag.

截叶铁扫帚（毛桃）*L. cuneata* (Dum. -Cours.) G. Don

阴山胡枝子(白指甲花) *L. inschanica* (Maxim.) Schindl.

铁马鞭 *L. pilosa* (Thunb.) Sieb. et Zucc.

中华胡枝子 *L. chinensis* G. Don

牛枝子 *L. potaninii* Vass.

22. 油麻藤属 *Mucuna* Adanson

常春油麻藤 *M. sempervirens* Hemsl.

23. 杭子梢属 *Campylotropis* Bunge

铁人扫(宜昌杭子梢) *C. ichangensis* Schindl. ex S. H. Cheng et al.

白花杭子梢 *C. macrocarpa* f. *alba* (S. Y. Wang) Iokawa et H. Ohashi

杭子梢 *C. macrocarpa* (Bunge) Rehd(*Lespedeza macrocarpa* Bunge).

太白山杭子梢 *C. macrocarpa* var. *giraldii*

24. 葛属 *Pueraria* DC.

葛(葛条、葛麻) *Pueraria montana* (Lour.) Merr.

25. 黄檀属 *Dalbergia* L. f.

黄檀(不知春、山槐) *D. hupeana* Hance

26. 毒豆属 *Laburnum*

苏格兰金链树 *L. alpinum*

(三十)芸香科 Rutaceae

1. 吴茱萸属 *Tetradium* Lour. (*Evodia* Forst.)

楝叶吴萸(臭辣树) *T. glabrifolium*(Champ. ex Benth.) Hartley

吴茱萸(吴萸、臭辣树、辣子树) *T. ruticarpum* (A. Juss.) Hartley

臭檀吴萸(臭檀、臭辣树) *T. daniellii* (Benn.) Hemsl.

2. 花椒属 *Zanthoxylum* L.

异叶花椒(刺花椒、野花椒) *Z. ovalifolium* Wight

刺异叶花椒 *Z. ovalifolium* var. *spinifolium* (Rehd. et Wils.) Huang

竹叶花椒(竹叶椒、狗椒、刺椒) *Z. armatum* DC.

毛竹叶花椒 *Z. armatum* DC. var. *ferrugineum* (Rehd. et Wils.) Huang

川陕花椒(皮氏花椒、野花椒) *Z. piasezkii* Maxim

野花椒(狗椒) *Z. simulans* Hance

柄果花椒 *Z. simulans* var. *podocarpum*

花椒 *Z. bunngeanum* Maxim

毛叶花椒 *Z. bunngeanum* var. *pubescens* Huang

浪叶花椒(波叶花椒) *Z. undulatifolium* Hemsl.

朵花椒(朵椒) *Z. molle* Rehd.

椿叶花椒(樗叶花椒) *Z. ailanthoides* Sieb. et Zucc.

小花花椒(刺椒树) *Z. mieranthum* Hemsl.

蚬壳花椒(山枇杷) *Z. dissitum* Hemsl.

青花椒(香椒子、崖椒、野花椒、狗椒) *Z. schinifolium* Sieb. et Zucc.

狭叶花椒 *Z. stenophyllum* Hemsl.

3. 臭常山属 *Orixa* Thunb.

臭常山(日本常山) *O. japonic* Thunb.

4. 飞龙掌血属 *Toddalia* Juss.

飞龙掌血 *T. asitica* (Linn.) Lam.

5. 黄檗属 *Phellopdendron* Rupr.

黄檗(黄柏树 、黄波罗) *P. amurense* Rupr.

川黄檗(黄皮树、黄檗树) *P. chinense* Schneid.

6. 枳属 *Poncirus* Raf.

枳(枸桔、铁篱寨) *P. trifoliata* L.

7. 柑橘属 *Citrus* L.

柚(柚子) *C. maxima* (Burm.) Osbeck

柑橘(桔、桔子) *C. reticulata* Blanco

酸橙 *Citrus* × *aurantium* Linn.

香橼(香泡) *C. medica* L.

(三十一)苦木科 Simarubaceae

1. 苦木属 *Picrasma* Bl.

苦木(苦檀 、苦皮树) *P. quassioides* (D. Don) Benn.

2. 臭椿属(樗属) *Ailanthus* Desf.

刺臭椿 *A. vilmoriniana* Dode

老臭椿(四川臭椿 、大叶毛臭椿) *A. giraldii* Dode

臭椿(樗、樗树) *A. altissima* (Mill.) Swingle

大果臭椿 *A. altissima* var. *sutchuenensis* (Dode) Rehd. et

(三十二)楝科 Meliaceae

1. 香椿属 *Toona* (Endl.) Roem.

香椿(红椿、香椿树) *T. sinensis* (A. Juss.) Roem

红椿(小果香椿) *Toona ciliata* Roem.

2. 楝属 *Melia* L.

楝(苦楝、楝树) *M. azedarach* L.

(三十三)远志科 Polygalaceae

远志属 *Polygala* L.

长毛籽远志(长毛远志) *P. wattersii* Hance

荷包山桂花(黄花远志) *P. arillata* Buch. -Ham. ex D. Don

(三十四)大戟科 Euphorbiaceae

1. 算盘子属 *Glochidion* T. R. et G. Forst.

算盘子(野南瓜、算盘珠) *G. puberum* (Linn.) Hutch

湖北算盘子(馒头果、算盘珠) *G. wilsonii* Hutch.

台闽算盘子(馒头果) *G. rubrum* Bl.

2. 白饭树属 *Flueggea* Willd.

一叶萩(叶底珠) *F. suffruticosa* (Pall.) Baill.

3. 叶下珠属 *Phyllanthus* L.

落萼叶下珠(弯曲叶下珠) *Ph. flexuosus* (Sieb. et Zucc.) Muell. Arg.

青灰叶下珠 *Ph. Glaucus* Wall. ex Muell. Arg.

4. 雀儿舌头属 *Leptopus* Decne. (*Andrachne* L.)

雀儿舌头(黑钩叶) *L. chinensis* (Bunge) Pojark.

5. 重阳木属 *Bischofia* Bl.

重阳木(乌杨) *B. polycarpa* (Lévl.) Airy Shaw

6. 石栗属 *Aleurites* J. R. et G. Forst.

石栗 *A. moluccanus*(L.) Willd.

7. 油桐属 *Vernicia* Lour.

油桐 *V. fordii* Airy-schow.

8. 假奓包叶属 *Discocleidion* Pax et Hoffm.

假奓包叶 *D. rufescens* (Franch.) pax et Hoffm

9. 野桐属 *Mallotus* Lour.

石岩枫 *M. repandus* (Willd.) Müll. Arg.

野梧桐 *M. japnicus* (Linn. f.) Müll. Arg.

白背叶 *M. apelta* (Lour.) Muell. Arg.

野桐(毛狼叶) *M. tenuifolius* Pax.

10. 乌桕属 *Sapium* P. Br.

乌桕 *S. sebifera* (L.) Small

山乌桕(多果乌桕) *S. pleiocarpum* Y. C. Tseng

11. 白木乌桕属 *Neoshirakia*

白木乌桕 *N. japonica* (Siebold & Zucc.) Esser

12. 山麻杆属 *Alchornea* Sw.

山麻杆 *A. davidii* Franch.

(三十五)黄杨科 Buxaceae

1. 黄杨属 *Buxus* L.

锦熟黄杨 *B. sempervirens* L.

黄杨(瓜子黄杨、锦熟黄杨) *B. sinica* (Rehd. et Wils.) M. Cheng

小叶黄杨 *B. sinica* var. *parvifolia* M. Cheng

尖叶黄杨 *B. sinica* var. *aemulans* (Rehder & E. H. Wilson) P. Brückn.

雀舌黄杨(细叶黄杨) *B. bodinieri* Lévl.

2. 野扇花属(清香桂属) *Sarcococca* Lindl.

野扇花 *S. ruscifolia* Stapf.

3. 板凳果属(三角咪属) *Pachysandra* Michx.

顶花板凳果(顶蕊三角咪) *P. terminalis* Sieb. et Zucc.

(三十六)马桑科 Coriariaceae

马桑属 *Coriaria* L.

马桑(胖婆娘腿) *C. nepalensis* Wall.

(三十七)漆树科 Anacardiaceae

1. 南酸枣属 *Choerospondias* Burtt et Hill.

南酸枣 *C. axillaris* (Roxb.) Burtt et Hill.

2. 黄连木属 *Pistacia* L.

阿月浑子 *P.* vera Linn.

黄连木(楷木、黄楝树) *P. chinensis* Bunge

3. 盐肤木属 *Rhus* L.

盐肤木(五倍子) *R. chinensis* Mill.

火炬树(鹿角漆树) *R. Typhina* Linn.

红麸杨 *R. punjabensis* Stewart var. *sinica* (Diels) Rehd. et Wils.

青麸杨(乌倍子) *R. potaninii* Maxim.

4. 漆属 *Toxicodendron* (Tourn) Mill.

漆(家漆) *T. verniciflnum* (Stokes) F. A. Barkley

木蜡树 *T. sylvestre* (Sieb. et Zucc.) O. Kuntze

野漆(木蜡树) *T. succedaneum* (Linn.) O. Kuntze

5. 黄栌属 *Cotinus* Mill.

粉背黄栌(黄栌) *C. coggygria* var. *glaucophylla* C. Y. Wu

毛黄栌 *C. coggygria* var. *pubescens* Engl.

红叶 *C. coggygria* var. *cinerea* Engl.

美国黄栌(美国红栌) *C. obovatus* Raf.

(三十八)冬青科 Aquifoliaceae

冬青属 *Ilex* L.

全缘冬青(细叶冬青、苦连条) *I. integra* Thunb.

大叶冬青(波罗树) *I. latifolia* Thunb.

冬青 *I. chinensis* Sims

大果冬青 *I. macrocarpa* Oliv.

大柄冬青 *I. macropoda* Miq.

大别山冬青 *I. dabieshanensis* K. Yao et M. P. Deng

齿叶冬青 *I. crenata* Thunb.

龟甲冬青 *I. crenata* var. *convexa*

猫儿刺 *I. pernyi* Franch.

枸骨(老鼠刺) *I. cornuta* Lindl. et Paxt.

无刺枸骨 *I. cornuta* ‘Fortunei’

细刺枸骨 *I. hylonoma* Hu et Tang

(三十九)卫矛科 Celastraceae

1. 卫矛属 *Euonymus* L.

卫矛(鬼箭羽、鬼见愁) *E. alatus* (Thunb.) Sieb.

疣点卫矛(瘤枝卫矛) *E. verrucosoides* Loes.

垂丝卫矛 *E. oxyphyllus* Miq.

中亚卫矛(八宝茶) *E. semenovii* Regel et Herd.

小卫矛(小叶鬼见愁) *E. nanoides* Loes. Et Rehd.

栓翅卫矛(大叶鬼见愁) *E. phellomanes* Loes.

白杜(丝棉木、桃叶卫矛) *E. maackii* Rupr.

西南卫矛 *E. hamiltonianus* Wall. ex Roxb

毛脉西南卫矛(披针叶卫矛) *E. hamiltonianus* f. *lanceifolius* (Loes) C. Y. Cheng.

角翅卫矛(柳叶卫矛、金丝吊蝴蝶) *E. cornutus* Hemsl.

陕西卫矛(金丝吊蝴蝶、金蝴蝶) *E. schensianus* Maxim.

黄心卫矛(大翅卫矛、金丝吊蝴蝶) *E. macropterus* Rupr.

冷地卫矛(紫花卫矛、金丝吊蝴蝶) *E. frigidus* Wall. ex Roxb.

石枣子 *E. sanguineus* Loes.

纤齿卫矛 *E. giraldii* loes.

棘刺卫矛(无柄卫矛) *E. echinatus* Wall.

刺果卫矛 *E. acanthocarpus* Franch.

小果卫矛、冬青 *E. microcarpus* (Oliv.) Sprague.

裂果卫矛 *E. dielsianus* Loes. ex Diels

大果卫矛 *E. myrianthus* Hemsl.

大花卫矛 *E. grandiflorus* Wall.

肉花卫矛 *E. carnosus* Hemsl.

冬青卫矛(大叶黄杨、正木、八木) *E. japonicus* Thunb.

金心黄杨 *E. japomcus* cv. *Aureo-pictus*

银边黄杨 *E. japonicus* var. *alba-marginata*

金边卫矛(金边冬青卫矛) *E. japanicus* var. *aureomarginata*

扶芳藤(爬行卫矛) *E. fortunei* (Turcz.) Hand. -Mazz.

胶东卫矛 *E. fortunei* 'Kiautschovicus'

显脉卫矛(曲脉卫矛) *E. venosus* Hemsl.

2. 南蛇藤属 *Celastrus* L.

南蛇藤 *C. orbiculatus* Thunb.

粉背南蛇藤 *C. hypoleucus* (Oliv.) Warb. ex Loes.

短梗南蛇藤(劳氏南蛇藤) *C. rosthornianus* Loes.

刺苞南蛇藤（刺南蛇藤） *C. Flagellaris* Rupr.

苦皮藤（萝卜药、苦树皮） *C. angulatus* Maxim.

哥兰叶（大芽南蛇藤、米汤叶） *C. gemmatus* Loes.

（四十）省沽油科 Staphyleaceae

1. 省沽油属 *Staphylea* L.

省沽油 *S. bumalda* DC.

膀胱果 *S. holocarpa* Hemsl.

玫红省沽油（大花膀胱果） *S. holocarpa* var. rose Rehd. et Zucc.

2. 野鸦椿属 *Euscaphis* Sieb. et Zucc.

野鸦椿 *E. japonica*（Thunb.）Kanitz

3. 银鹊树属 *Tapiscia* Oliv.

瘿椒树（银鹊树） *T. sinensis* Oliv.

（四十一）槭树科 Aceraceae

1. 金钱槭属 *Dipteronia* Oliv.

金钱槭 *D. sinensis* Oliv.

2. 槭属 *Acer* L.

元宝槭（华北五角枫、平基槭） *A. truncatum* Bunge

五角枫（地锦槭）*A. pictum* subsp. *mono*（Maxim.）Ohashi

三尖色木枫（三裂地锦槭） *Acer pictum* subsp. *tricuspis*（Rehder）Ohashi

长柄槭 *A. longipes* Franch. ex Rehd.

鸡爪槭 *A. Palmatum* Thunb.

羽毛枫（多裂鸡爪槭）*A. palmatum* ‘Dissectum’

红枫 *A. palmatum* ‘Atropurpureum’（*A. palmatum* var. *atropurpureum* Schwer.）

美国红枫（红花槭） *A. rubrum* L.

中华重齿枫（小鸡爪槭）*A. duplicatoserratum* var. *chinense* C. S. Chang

杈叶枫（红色木、鸡爪槭）*A. ceriferum* Rehd.

茶条槭（华北茶条槭）*A. tataricum* subsp. *ginnala*（Maxim.）Wesmael

苦条槭（苦茶槭、银桑叶）*A. ginnala* subsp. *theiferum*（W. P. Fang）Y. S. Chen & P. C. de Jong

长尾槭（陕甘长尾槭）*A. caudatum* Wall.

毛花槭 *A. erianthum* Schwer.

中华槭（华槭） *A. sinense* Pax.

深灰槭（太白槭）*A. caesium* Wall. ex Brandis

五裂槭 *A. oliverianum* Pax.

三角槭（三角枫） *A. buergerianum* Miq.

飞蛾槭（旱发芽） *A. oblongum* Wall. ex DC.

青榨槭（青皮槭） *A. davidii* Franch.

葛罗枫(葛萝槭、青皮槭) *A. davidii* subsp. *grosseri* (Pax) ined.
重齿槭 *A. duplicatoserratum* Hayata
五尖槭 *A. maximowiczii* Pax.
秦岭槭 *A. tsinglingense* Fang et Hsieh.
房县槭(毛果槭、山枫香)*Acer sterculiaceum* subsp. *franchetii* (Pax)
四蕊槭 *A. stachyophyllum* subsp. *tetramerum* (Pax) A. E.
蒿苹四蕊槭 *A. tetramerum* Pax var. *haopingense Fang*
桦叶四蕊槭 *A. tetramerum* Pax var. *betulifolium*
血皮槭(红皮槭、红色木、猴不上) *A. griseum* (Franch.)Pax.
建始槭(三叶槭) *A. henryi* Pax.
梣叶槭(复叶槭、糖槭) *A. negundo* Linn.
庙台槭 *A. miaotaiense* P. C. Tsoong
五小叶槭 *A. pentaphyllum* Diels
田野槭(栓皮槭)*A. campestre* Linn.
挪威槭 *A. platanoides* L.
糖槭 *A. saccharinum* L.
樟叶槭 *A. coriaceifolium* Lévl.
青楷槭 *A. tegmentosum* Maxim.
花楷槭 *A. ukurunduense* Trautv. et Mey.
罗浮槭 *A. fabri* Hance

(四十二)七叶树科 Hippocastanaceae

七叶树属 *Aesculus* L.
七叶树(桫椤树) *A. chinensis* Bunge
天师栗(猴板栗)*A. wilsonii* Rehd.
长柄七叶树(大叶七叶树、云南七叶树) *A. assamica* Griff.
欧洲七叶树 *A. hippocastanum* Linn.
红花七叶树 *A.* ×*carnea* Hayne

(四十三)无患子科 Sapindaceae

1. 无患子属 *Sapindus* L.
无患子(木棟哨)*S. saponaria* L.
2. 栾树属 *Koelreuteria* Laxm.
栾树(木蜡叶) *K. paniculata* Laxm.
复羽叶栾树 *K. bipinnata* Franch.
黄山栾(全缘叶栾树) *Koelreuteria bipinnata* ‘Integrifoliola’
3. 黄梨木属 Boniodendron Gagnep.
黄梨木(小叶栾树) *Boniodendron minius* (Hemsl.) T. C. Chen
4. 文冠果属 *Xanthoceras* Bunge
文冠果 *X. sorbifolia* Bunge

(四十四)清风藤科 Sabiaceae

1. 清风藤属 *Sabia* Colebr.

清风藤 *S. japonica* Maxim.

四川清风藤 *S. schumanniana* Diels

多花清风藤 *S. schumanniana* subsp. *pluriflora* (Rehd. et Wils.) Y. F. Wu

鄂西清风藤 *S. campanulata* subsp. *ritchieae* (Rehd. et. Wils) Y. F. Wu

2. 泡花树属 *Meliosma* Bl.

垂枝泡花树 *M. flexuosa* Pamp.

细花泡花树(蒙刺头) *M. parviflora* Lecomte

泡花树(龙须木) *M. cuneifolia* Franch.

多花泡花树 *M. myriantha* Sieb. et Zucc.

异色泡花树 *M. myriantha* var. *discolor* Dunn

暖木 *M. veitchiorum* Hemsl.

珂楠树 *M. alba* (Schltdl.) Walp.

红柴枝(红枝柴、南京珂楠树) *M. oldhamii* Miq. Ex Maxim.

(四十五)鼠李科 Rhamnaceae

1. 雀梅藤属 *Sageretia* Brongn.

对刺雀梅藤(对节刺) *S. pycnophylla* C. K. Schneid.

少脉雀梅藤(对结刺) *S. paucicostata* Maxim.

雀梅藤 *S. thea* (Osbeck.) Johnst.

尾叶雀梅藤(对结木) *S. subcaudata* Schneid.

梗花雀梅藤 *S. henryi* Drumm. et Sprague

2. 鼠李属 *Rhamnus* L.

长叶冻绿(长叶鼠李) *R. crenaata* Sieb. et Zucc.

卵叶鼠李(小叶鼠李) *R. bungeana* J. Vass.

小叶鼠李(琉璃枝) *R. parvifolis* Bunge

锐齿鼠李(尖齿鼠李) *R. arguta* Maxim.

圆叶鼠李(山绿柴) *R. globosa* Bunge

薄叶鼠李(细叶鼠李) *R. leptophylla* Schneid.

甘肃鼠李 *R. tangutica* J. Vass.

鼠李(大绿、老鸹眼) *R. davurica* Pall.

冻绿(鼠李、黑狗丹) *R. utilis* Decne.

毛冻绿 *R. utilis* var. *hypochrysa* (Schndid.) Rehd.

柳叶鼠李 *R. erythroxylon* Pall.

皱叶鼠李 *R. rugulosa* Hemsl.

3. 枳椇属 *Hovenia* Thunb.

北枳椇(拐枣、甜半夜、鸡爪梨) *H. dulcis* Thunb.

枳椇 *H. acerba* Lindl.

4. 猫乳属(长叶绿柴属) *Rhamnella* Miq.

猫乳(长叶绿柴) *R. franguloides* (Maxim.) Weherb.

卵叶猫乳 *R. wilsonii* Schneid.

5. 勾儿茶属(牛儿藤属) *Berchemia* Neck.

黄北勾儿茶(牛儿藤) *B. flavescens*(Wall.) Brongn.

多花勾儿茶(扁担藤) *B. floribunda* (Wall.) Brongn.

勾儿茶 *B. sinica* Schneid.

多叶勾儿茶 *B. polyphylla* Wall. ex Laws.

6. 铜钱树属(马甲子属) *Paliurus* Mill.

铜钱树(刺椋子) *P. hemsleyanus* Rehder ex Schir. & Olabi

马甲子(铁篱笆) *P. ramosissimus* (Lour.) Poir.

7. 枣属 *Zizypus* Mill.

枣(枣树) *Z. jujuba* Mill.

酸枣 *Z. jujuba* var. *spinosa*(Bunge) Rehder

无刺枣 *Z. jujuba* Mill. var. *inermis*(Bunge) Rehder

葫芦枣 *Z. jujuba* Mill. f. *lageniformis* (Nakai) Kitagawa

龙爪枣 *Z. jujuba* 'Tortuosa'

(四十六)葡萄科 Vitaceae

1. 葡萄属 *Vitis* L.

变叶葡萄(复叶葡萄、野葡萄) *V. piasezkii* Maxim.

刺葡萄 *V. davidii* (Roman. du Caill.) Foex.

秋葡萄(腺葡萄、山葡萄) *V. romantii* Rom. Caill.

桑叶葡萄(河南毛葡萄、野葡萄) *V. heyneana* subsp. *ficifolia* (Bunge) C. L. Li

小叶葡萄 *V. sinocinerea* W. T. Wang

华北葡萄 *V. bryoniaefolia* Bunge

美丽葡萄 *V. bellula* (Rehd.) W. T. Wang

毛葡萄 *V. heyneana* Roem. et Schult

葡萄 *V. vinifera* Linn.

山葡萄 *V. amurensis* Rupr.

桦叶葡萄 *V. betulifolia* Diels et Gilg.

网脉葡萄 *V. wilsonae* H. J. Veitch

葛藟葡萄(葛藟、野葡萄) *V. flexuosa* Thunb.

华东葡萄(野葡萄) *V. pseudoreticulata* W. T. Wang

2. 蛇葡萄属 *Ampelopsis* Michx.

蛇葡萄 *A. glandulosa* (Wall.) Momiy.

东北蛇葡萄 *A. glandulosa* var. *brevipedunculata* (Maxim.)

蓝果蛇葡萄(蛇葡萄、老鸦眼) *A. bodinieri*(Levl. et Vant.)Rehd.

灰毛蛇葡萄 *A. bodinieri* var. *cinerea* (Gagnep.)Rehd.

葎叶蛇葡萄(老鸦眼、野葡萄) *A. humulifolia* Bunge

异叶蛇葡萄 *A. humulifolia* var. *heterophylla*(Thunb.)K. Koch.

白蔹(凉水盆、药狗蛋) *A. japonica* (Thunb.) Makino

三裂蛇葡萄(三裂叶蛇葡萄) *A. delavayana* Planch. ex Franch.

毛三裂蛇葡萄 *A. delavayana* var. *setulosa* (Diels et Gilg) C. L. Li

掌裂蛇葡萄 *A. delavayana* var. *glabra* (Diels et Gilg) C. L.

乌头叶蛇葡萄(草葡萄、附子叶蛇葡萄) *A. aconitifolia* Bunge

3. 地锦属(爬山虎属) *Parthenocissus* Planch.

地锦(爬山虎) *P. tricuspidata* (Sieb. et Zucc.)Planch.

异叶地锦(异叶爬山虎、爬山虎) *P. dalzielii* Gagnep.

三叶地锦(三叶爬山虎)*P. semicordata* (Wall.) Planch.

五叶地锦(爬墙虎) *P. quinquefolia* (Linn.) Planch.

花叶地锦(川鄂爬山虎、红叶爬山虎) *P. henryana* (Hemsl.) Diels et Gilg.

绿叶地锦(绿爬山虎) *P. laetivirens* Rehd.

4. 俞藤属 *Y.* C. L. Li

俞藤 *Yua thomsonii* (Laws.) C. L. Li

5. 崖爬藤属 *Tetrastigma* Planch.

崖爬藤 *T. obtectum* (Wall.) Planch.

毛叶崖爬藤 *T. obtectum* (Wall.) Planch. var. *pilosum* Gagnep.

(四十七)椴树科 Tiliaceae

1. 椴树属 *Tilia* L.

辽椴(糠椴) *T. mandshurica* Rupr. et Wils.

毛糯米椴 *T. henryans* Szyszyl.

糯米椴 *T. henryans* Szyszyl. var. *subglara* V. Engl.

华椴 *T. chinensis* Maxim.

粉椴 *T. oliveri* Szyszyl.

南京椴 *T. miqueliana* Maxim.

蒙椴 *T. mongolica* Maxim.

大椴 *T. nobilis* Rehd. et. Wils

华东椴 *T. japonica* Simonk.

短柄椴 *T. japonica* Simonk. var. *brevipes* Chang

少脉椴 *T. paucicostata* Maxim.

红皮椴(显脉椴) *T. paucicostata* Maxim. var. *dictyoneura*(V. Engl.) H. T. Chang et. E. W. Miau

光叶糯米椴 *T. henryana* Szyszyl. var. *subglaba* V. Engl.

*心叶椴 *T. cordata Mill.*

2. 扁担杆属 *Grewia* L.

扁担杆(孩儿拳头) *G. biloba* G. Don

小花扁担杆(扁担木) *G. biloba* G. Don var. *parvifolia* (Bunge) Hand-Mazz.

(四十八)锦葵科 Malvaceae

木槿属 *Hibiscus* L.

* 木芙蓉 *H. mutabilis* L.

* 木槿(木棉、荆条) *H. syriacus* L.

* 朱槿 *H. rosa-sinensis*

(四十九)梧桐科 Sterculiaceae

梧桐属 *Firmiana* Marsigli

梧桐(青桐) *F. simplex* (L.) W. F. Wight

(五十)猕猴桃科 Actinidiaceae

1. 猕猴桃属 *Actinidia* Lindl.

软枣猕猴桃 *A. arguta* (Sieb. et Zucc.) Planch. ex Miq.

凸脉猕猴桃 *A. arguta* (Sieb. et Zucc.) Planch. ex Miq. var. *venosa* C. F. Liang

黑蕊猕猴桃 *A. melanandra* Franch.

河南猕猴桃 *A. henanensis* C. F. Liang

狗枣猕猴桃 *A. kolomikta* Maxim.

四萼猕猴桃 *A. tetramera* Maxim.

葛枣猕猴桃 *A. polygama* Maxim.

对萼猕猴桃 *A. valvata* Dunn.

革叶猕猴桃 *A. rubricaulis* Dunn. var. *coriacea* C. F. Liang

京梨猕猴桃 *A. callosa* Lindl. var. *henryi* Maxim.

中华猕猴桃(羊桃) *A. chinensis* Planch.

硬毛猕猴桃 *A. chinensis* Planch. var. *hispida* C. F. Liang

美味猕猴桃 *A. deliciousa* (A. Chev) C. F. Liang

2. 藤山柳属 *Clematoclethra* Maxim.

猕猴桃藤山柳 *C. actinidioides* Maxim.

杨叶藤山柳 *C. actinidioides* Maxim. var. *populifolia* C. F. Liang et Y. C. Chen

藤山柳 *C. lasioclada* Maxim.

(五十一)山茶科 Theaceae

1. 山茶属 *Camellia* L.

油茶 *C. oleifera* Abel.

* 山茶 *C. japonica* L.

茶树 *C. sinensis* (L.) O. Ktze.

连蕊茶 *C. fraterna* Hance.

川鄂连蕊茶 *C. rosthorniana* Handel. -Mazz.

茶梅 *C. sasanqua* Thunb.

2. 紫茎属 *Stewartia* L.

紫茎(猴不上) *S. sinensis* Rehd. et Wils.

小叶紫茎 *S. sinensis* Rehd. et Wils. var. *microphylla* Yan

长喙紫茎 *S. sinensis* Rehd. et Wils. var. *rostrata* Chang

陕西紫茎 *S. shensiensis* Chang

3. 厚皮香属 *Ternstroemia* L.

厚皮香 *T. gymnanthera* (Wight. et Arn.)Sprague.

4. 红淡比属 *Cleyera* Thunb.

红淡比(杨桐) *C. japonica* Thunb.

5. 柃属 *Eurya* Thunb.

细枝柃 *E. loquaiana* Dunn

微毛柃 *E. hebeclados* Y. Ling

短柱柃 *E. brevistyla* Kobuski

细齿叶柃 *E. nitida* Korthals

翅柃 *E. alata* Kobuski

(五十二)藤黄科 Guttiferae

金丝桃属 *Hypericum* L.

长柱金丝桃 *H. longistylum* Oliv.

金丝桃 *H. monogynum* L.

*金丝梅 *H. patulum* Thunb. ex Murray

(五十三)杜英科

杜英属 *Elaeocarpus* Linn.

*杜英 *E. decipiens* Hemsl.

(五十四)柽柳科 Tamaricaceae

1. 柽柳属 *Tamarix* L.

柽柳(三春柳) *T. chinensis* Lour.

2. 水柏枝属 *Myricaria* Desv.

水柏枝 *M. paniculata* P. Y. Chang et Y. J. Chang

宽苞水柏枝 *M. bracteata* Royle.

(五十五)大风子科 Flacourtiaceae

1. 山桐子属 *Idesia* Maxim.

山桐子(水冬瓜) *I. polycarpa* Maxim.

毛叶山桐子 *I. polycarpa* Maxim. var. *vestita* Diels

2. 山拐枣属 *Poliothyrsis* Oliv.

山拐枣 *P. sinesis* Oliv.

3. 柞木属 *Xylosma*

柞木 *X. racemosum* (Sieb. *et Zucc.*) Miq.

（五十六）旌节花科 Stachyuraceae

旌节花属 *Stachyurus* L.

中国旌节花（水凉子、通草） *S. chinensis* Franch.

宽叶旌节花 *S. chinensis* Franch. var. *latus* Li

喜马拉雅山旌节花 *S. himaliacus* Hook. f et Thoms.

（五十七）瑞香科 Thymelaeaceae

1. 瑞香属 *Daphne* L.

芫花 *D. genkwa* Sieb. et Zucc.

黄瑞香（祖师麻） *D. giraldii* Nitsche

瑞香 *D. odora* Thunb.

毛瑞香 *D. odora* Thunb. var. *atrocaulis* Rehd.

凹叶瑞香 *D. retusa* Hemsl.

甘肃瑞香 *D. tangutica* Maxim.

陕西瑞香 *D. myrtillodes* Nitsche

2. 荛花属 *Wikstroemia* Endl.

荛花 *W. canescens* Meissn.

河朔荛花 *W. chamaedaphne* Meissn.

小黄构 *W. micrantha* Hemsl.

狭叶荛花 *W. angustifolia* Hemsl.

鄂北荛花 *W. pampaninii* Rehd.

羊眼子 *W. ligustrina* Rehd.

3. 结香属 *Edgeworthia* Meissn.

结香 *E. chrysantha* Lindl.

（五十八）胡颓子科 Elaeagnaceae

1. 胡颓子属 *Elaeagnus* L.

胡颓子 *E. pungens* Thunb.

长叶胡颓子 *E. bockii* Diels.

蔓胡颓子 *E. glabra* Thunb.

沙枣（桂香柳） *E. angustifolia* L.

牛奶子（甜枣） *E. umbellata* Thunb.

木半夏 *E. multiflora* Thunb.

佘山羊奶子（佘山胡颓子） *E. argyi* Levl.

翅果油树 *E. mollis Diels*

2. 沙棘属 *Hippophae* L.

中国沙棘 *H. rhmnoides* L. subsp. *sinensis* Rousi

（五十九）千屈菜科 Lythraceae

紫薇属 *Lagerstroemia* L.

＊紫薇（百日红） *L. indicate* L.

*银薇 *L. indica* L. f. *alba*（Nichols.）Rehd.

*翠薇 *L. indica* L. var. *rubar* Lav.

南紫薇 *L. subcostata* Koehne

*云南紫薇 *L. intermedia Koehne*

*川黔紫薇 *L. excelsa*（Dode）Chun

福建紫薇 *L. limii* Merr.

（六十）石榴科 Punicaceae

*石榴属 *Punica* L.

石榴(安石榴) *P. granatum* L.

白石榴 *P. granatum* L. 'Albescens'

月季石榴 *P. granatum* L. 'Nana'

黄石榴 *P. granatum* L. 'Flavescens'

重瓣白石榴 *P. granatum* L. 'Multiplex'

重瓣红石榴 *P. granatum* L. 'Planiflora'

玛瑙石榴 *P. granatum* L. 'Lagrellei'

（六十一）蓝果树科 Nyssaceae

1. 喜树属 *Camptotheca* Decne

*喜树 *C. acuminata* Decne.

2. 蓝果树属 *Nyssa Ggronov.* ex L.

*蓝果树 *N. sinensis* oliv.

3. 珙桐属 *Davidia* Baill.

*珙桐 *D. involucrata* Baill.

（六十二）八角枫科 Alangiaceae

八角枫属 *Alangium* Lam.

八角枫(华瓜木) *A. chinense* Harms

伏毛八角枫 *A. chinense* Harms subsp. *strigosum* Fang

稀花八角枫 *A. chinense* Harms subsp. *pauciflorum* Fang

深裂八角枫 *A. chinense* Harms subsp. *triangulate*（Wanger.）Fang

毛八角枫 *A. kurzii* Craib

瓜木(八角枫) *A. platanifolium* Harms

（六十三）五加科 Araliaceae

1. 通脱木属 *Tetrapanax* K. Koch

通脱木(通草) *T. papyrifer*（Hook.）K. Koch

2. 常春藤属 *Hedera* L.

常春藤 *H. nepalensis* K. Koch. var. *sinensis* Rehd.

洋常春藤 *H. helix* L.

斑叶常春藤 *H. helix* L. var. *argenteo-variegata* West.

黄边常春藤 *H. helix* L. var. *aureo-variegata* West.

红边常春藤 *H. helix* L. var. *tricolor* Hibb.

掌状常春藤 *H. helix* L. var. *digitata* Loud.

鸟足常春藤 *H. helix* L. var. *padta* Hibb.

3. 刺楸属 *Kalopanax* Miquel

刺楸 *K. septemlobus*（Thunb.）Koidz.

深裂刺楸 *K. septemlobus*（Thunb.）Koidz. var. *maximowiczi*（V. Houtte）Hand. -Mazz.

4. 五加属 *Acanthopanax* Miq.

离柱五加 *A. eleutheristylus* Hoo

太白山五加 *A. stenophyllus* Harms

细柱五加 *A. gracilistylus* W. W. Smith

红毛五加(纪氏五加) *A. giraldii* Harms

蜀五加 *A. setchuenensis* Harms

刺五加 *A. senticosus*（Rupr. et Marms.）Harms

藤五加 *A. leucorrhizus*（Oliv.）Harms

狭叶藤五加 *A. leucorrhizus*（Oliv.）Harms var. *fulvescens* Harms

糙叶五加 *A. henryi*（Oliv.）Harms

毛梗糙叶五加 *A. henryi*（Oliv.）Harms var. *faberi* Harms

刚毛五加(西门五加) *A. simonii* Schneid.

五加(五加皮) *A. gracilistylus* W. W. Smith

短毛五加 *A. gracilistylus* W. W. Smith var. *gubescens*（Pampanin）Li

白簕 *A. trifoliatus*（L.）Merr.

两岐五加 *A. divaricatus*（Sieb. et Zucc）Seem.

无梗五加 *A. sessiliflorus*（Rupr. et Maxim.）Seem.

5. 楤木属 *Aralia* L.

楤木 *A. chinensis* L.

毛叶楤木 *A. Chinensis* L. var. *dasyphylloides* Hand. -Mazz

波缘葱木 *A. undulata* Hand. -Mazz

辽东楤木 *A. elata*（Miq.）Seem.

湖北楤木 *A. hupehensis* Hoo

头序楤木 *A. dasyphylla* Miq.

6. 五角金盘属 *Fatshedera*

* 熊掌木(五角金盘) *F. lizei*

7. 八角金盘属 *Fatsia* Decne. Planch.

* 八角金盘 *F. japonica*（Thunb.）Decne. et Planch

（六十四）山茱萸科 Cornaceae

1. 灯台树属 *Bothrocaryum*（Koehne）Pojark.

灯台树 *B. controversum*（Hemsl.）Pojark.

2. 梾木属 *Swida* Opiz

红瑞木 *S. alba* Opiz

光皮树 *S. wilsoniana*（Wanger.）Sojak

沙梾 *S. bretschneideri* Sojark

细梗沙梾 *S. bretschneideri* Sojark. var. *gracilis*（Wanger.）W. K. Hu

红椋子 *S. hemsleyi*（Schneid. et Wanger.）Sojak

黑椋子 *S. poliophylla* Sojark

卷毛梾木 *S. ulotricha*（Schneid. et Wanger.）Sojak

小梾木 *S. paucinervis* Hance

梾木（椋子）*S. macrophylla* Sojark

毛梾 *S. walteri* Wanger

* 多花狗木 *S. florida*

3. 山茱萸属 *Cornus* L.

山茱萸 *C. officinalis* Sieb. Et Zucc.

川鄂山茱萸 *C. chinensis* Wanger.

4. 四照花属 *Dendrobenthamia* Hutch.

尖叶四照花 *D. angustata*（Chun）Fang

四照花（石枣）*D. japonica*（A. P. DC.）Fang var. *chinensis* Fang

* 香港四照花 *D. hongkongensis*（Hemsl.）Hutch.

5. 青荚叶属 *Helwingia* Willd.

青荚叶 *H. japonica* Dietr.

中华青荚叶（叶上花）*H. chinensis* Batal.

6. 鞘柄木属 *Toricellia*

* 角叶鞘柄木 *T. angulata* Oliv.

7. 桃叶珊瑚属 *Aucuba* Thunb.

桃叶珊瑚 *A. chinensis* Benth.

青木 *A. japonica* Thunb.

洒金珊瑚（花叶青木）*A. japonica* var. *variegata* Dombr.

（六十五）杜鹃花科 Ericaceae

1. 杜鹃花属 *Rhododendron* L.

照山白 *R. micranthum* Turcz.

秀雅杜鹃 *R. concinnum* Hemsl.

河南杜鹃 *R. henanense* Fang

太白杜鹃 *R. purdomii* Rehd. et wils.

灵宝杜鹃 *R. henanense* Fang ssp. *lingbaoense* Fang

羊踯躅(黄杜鹃、闹羊花) *R. molle* (Blume) G. Don

满山红 *R. mariesii* Hemsl. et Wils.

杜鹃花(映山红) *R. simsii* planch.

锦绣杜鹃 *R. pulchrum* Sweet

紫鹃杜鹃(紫鹃) *R. pulchurum* 'ZiJuan'

2. 越桔属(乌饭树属) *Vaccinium* L

*越桔 *V. vitis-idaea* Linn.

米饭花 *V. sprengelii* (G. Don) Sleumer

乌饭树 *V. bracteatum* Thunb

*蓝莓 *Vaccinium Spp.*

3. 乌饭树属 *Vaccinium* L

米饭花 *V. sprengelii* (G. Don) Sleumer

乌饭树 *V. bracteatum* Thunb

4. 越桔属 *Vaccinium*

*越桔 *V. vitis-idaea* Linn.

(六十六)紫金牛科 Myrsinaceae

1. 紫金牛属 *Ardisia* Sw.

百两金 *A. crispa* (Thunb.) A. DC.

朱砂根 *A. crenata* Sims

紫金牛 *A. japonica* (Hornsted) Bl.

2. 铁仔属 *Myrsine* L.

铁仔 *M. africana* L.

3. 梁王茶属 *Nothopanax*

异叶梁王茶 *N. davidii*(Franch.) Harms ex Diels

(六十七)柿树科 Ebeanaceae

柿树属 *Diospyros* L.

瓶兰花 *D. armata* Hemsl

柿(柿树) *D. kaki* L. f.

油柿 *D. kaki* L. f. var. *sylvesris* Makino.

野柿 *D. kaki* L. f. form. *silvestris* Makino.

君迁子(软枣) *D. lotus* L.

*浙江柿(粉叶柿) *D. glaucifolia* Metc.

金弹子(瓶兰、刺柿、瓶兰花) *D. cathayensis*

（六十八）山矾科 Symplocaceae

山矾属 *Symplocos* Jacq.

白檀（华山矾灰） *S. chinensis* Druce

山矾（山桂花）*S. sumuntia* Buch. -Ham. ex D. Don

（六十九）野茉莉科 Styracaceae

1. 野茉莉属 *Styrax* L.

玉铃花（灰驴腿） *S. obassia* Sieb. et Zucc.

野茉莉（灰驴腿） *S. japonica* Sieb. et Zucc.

老鸹铃（灰驴腿） *S. hemsleyanus* Diels

郁香野茉莉 *S. odoratissima* Champ.

灰叶野茉莉（灰驴腿） *S. calvescens* Perk.

垂珠花 *S. dasyantha* Perk.

2. 秤锤树属 *Sinojackia* Hu

*秤锤树 *S. xylocarpa* Hu

3. 白辛树属 *Pterostyrax*

*小叶白辛树 *P. corymbosus* Sieb. et Zucc.

（七十）木犀科 Oleaceae

1. 雪柳属 *Fontanesia* Labill.

雪柳（五谷树） *F. fortunei* Carr.

2. 白蜡树属 *Fraxinus* L.

*常青白蜡（光蜡树） *F. griffithii* C. B. Clarke

疏花梣 *F. depauperata* （Lingelsh. ） Z. Wei

尖叶梣 *F. szaboana* Lingelsh.

湖北梣（对节白蜡） *F. hupehensis* Chu，Shang et Su

小叶白蜡树（苦枥、秦皮） *F. chinensis* Roxb.

秦岭白蜡树 *F. paxiana* Lingesh.

宿柱白蜡树 *F. stylosa* Lingelsh.

白蜡树（梣、白蜡） *F. chinensis* Roxb.

大叶白蜡树 *F. rhynchophylla* Hance

*美国白蜡树（洋白蜡） *F. americana* L.

青梣（洋白蜡） *F. pennsylvanica* Mars. var. *subintegerrima* （Vahl） Fern.

象白蜡（宽果梣） *F. platypoda* Oliv.

水曲柳（当河槐） *F. mandschurica* Rupr.

尖叶白蜡树 *F. chinensis* Roxb. var. *acuminata* Lingel.

*光蜡树（常青白蜡） *F. griffithii* C. B. Clarke

3. 连翘属 *Forsythia* Vahl.

连翘（连壳、黄花条） *F. Suspensa* （Thunb. ）Vahl

秦连翘 *F. giraldiana* V Lingelsh.

金钟花(迎春条、细叶连翘) *F. viridissima* Lindl.

毛连翘 *F. suspensa* (Thunb.) Vahl f. *pubescens* Rehd.

4. 丁香属 *Syringa* L.

北京丁香 *S. pekinensis* Rupr.

暴马丁香(荷花丁香) *S. reticulata* Hara. var. *mardshurica* Hara.

欧洲丁香(洋丁香) *S. vulgaris* L.

华北丁香(丁香) *S. oblata* Lindl.

紫萼丁香 *S. oblata* Lindl. var. *giraldii* Rehd.

花叶丁香 *S. persica* L.

毛叶丁香(巧玲花) *S. pubescens* Turcz.

光萼巧玲花 *S. pubescens* subsp. *julianae* (Schneid.) M. C. Chang et X. L. Chen

蓝丁香 *S. meyeri* Schneid.

小叶丁香(四季丁香) *S. microphylla* Diels.

紫丁香 *S. julianae* Schneid.

秦岭丁香 *S. giraldiana* Schneid.

红丁香 *S. villosa* Vahl.

＊羽叶丁香 *S. pinnatifolia*

＊皱叶丁香 *S. mairei*

5. 木樨属 *Osmanthus* L.

木樨(桂花) *O. fragrans* Lour.

＊柊树(刺桂) *O. heterophyllus* P. S. Green

宁波木犀 *O. cooperi* Hemsl.

红柄木犀 *O. armatus* Diels

6. 流苏树属 *Chionanthus* L.

流苏树 *C. retusus* Lindl. et paxt.

7. 木樨榄属 *Olea* L.

＊油橄榄 *O. europaea* L.

8. 女贞属 *Ligustrum* L.

女贞 *L. lucidum* Ait.

日本女贞 *L. japonicum* Thunb.

小蜡 *L. sinense* Lour.

小叶女贞 *L. quihoui* Carr.

兴山蜡树 *L. henryi* Hemsl.

蜡子树 *L. acutissimum* Koehne.

光蜡子树 *L. acutissimum* Koehne. var. *glabrum* Z. Y. Zhang.

水蜡树(钝叶水蜡树) *L. obtusifolium* Seib. et Zucc.

卵叶女贞 *L. ovalifolium*

9. 茉莉属(素馨属) *Jasminum* L.

探春花(迎夏) *J. floridum* Bunge.

黄素馨(毛叶探春) *J. floridum* subsp. *giraldii* (Diels.) Miao

云南黄素馨(野迎春) *J. mesnyi* Hance

迎春花 *J. nudiflorum* Lindl.

北清香藤 *J. lanceolarium* Roxb.

茉莉花 *J. sambac* (L.) Ait

(七十一)马钱科 Loganiaceae

1. 蓬莱葛属 *Gardneria* Wall. Ex Roxb.

蓬莱葛 *G. multiflora* Makino.

2. 醉鱼草属 *Buddleja* L.

醉鱼草 *B. lindleyana* Fort.

巴东醉鱼草 *B. albiflora* Hemsl.

周至醉鱼草 *B. albiflora* Hemsl. var. *giraldii* (Diels) Rehd. et Wils.

大叶醉鱼草 *B. davidii* Franch.

密蒙花 *B. officinalis* Maxim.

(七十二)夹竹桃科 Apocynaceae

1. 夹竹桃属 *Nerium* L.

夹竹桃 *N. indicum* Mill.

2. 络石属 *Trachelospermum* Lem.

细梗络石 *T. gracilipes* Hook. f.

络石(爬山虎) *T. jasminoides* (Lindl.) Lem.

石血 *T. jasminoides* (Lindl.) Lem. var. *heterophyllum* Tsiang.

* 花叶络石 *T. jasminoides* 'Flame'

* 黄金络石 *T. rachelospermum* asiaticum Ougonnishiki

(七十三)萝藦科 Asclepiadaceae

1. 杠柳属 *Periploca* L.

杠柳(羊角叶、羊奶条) *P. sepium* Bunge.

青蛇藤 *P. calophylla* Falc.

2. 鹅绒藤属 *Cynanchum* L.

朱砂藤 *C. officinale* (Hemsl.) Taiang et Zhang.

3. 南山藤属 *Dregea* E. Mey

丽子藤 *D. yunnanensis* (Tsing) Tsiang et P. T. Li.

苦绳 *D. sinensis* Hemsl.

(七十四)紫草科 Boraginaceae

厚壳树属 *Ehretia* L.

粗糠树 *E. macrophylla* Wall

光叶粗糠树 *E. macrophylla* Wall var. *glabrescens* (Nakai) Y. L. Liu.

厚壳树 *E. thyrsiflora*（Sieb. Et Zucc.）Nakai.

（七十五）马鞭草科 Verbenaceae

1. 紫珠属 *Callicarpa* L.

枇杷叶紫珠（山枇杷）*C. kochiana* Makino.

老鸦糊 *C. giraldii* Hesse ex Rehd.

毛叶老鸦糊 *C. giraldii* Hesse ex Rehd. var. *lyi*（Levl.）C. Y. Wu.

白棠子树 *C. dichotoma*（Lour.）K. Koch.

紫珠（珍珠枫）*C. bodinieri* Levl.

华紫珠 *C. cathayana* H. T. Chang.

日本紫珠（紫珠）*C. japonica* Thunb.

窄叶紫珠 *C. japonica* Thunb. var. *angustata* Rehd.

2. 臭黄荆属 *Premna* L.

豆腐柴（臭黄荆、腐婢）*P. microphylla* Turcz.

3. 牡荆属 *Vitex* L.

黄荆（荆条）*V. negundo* L.

牡荆 *V. negundo* L. var. *cannabifolia*（Sieb. et Zucc.）Hand. -Mazz.

荆条 *V. negundo* L. var. *heterophylla*（Franch.）Rehd.

单叶蔓荆（蔓荆）*V. trifolia* L. var. *simplicifolia* Cham.

4. 大青属（桢桐属）*Clerodendrum* L.

*赪桐 *C. japonicum*（Thunb.）Sweet.

臭牡丹 *C. bungei* Steud.

*大青 *C. cyrtophyllum* Turcz.

海州常山（臭梧桐、臭老汉）*C. trichotomum* Thunb.

海通（铁枪桐）*C. mandarinorum* Diels

5. 莸属 *Caryopteris* Bunge

兰香草 *C. incana*（Thunb.）Miq.

光果莸 *C. tangutica* Maxim.

*金叶莸 *C. clandonensis* ‘Worcester Gold’

（七十六）唇形科 Labiatae

香薷属 *Elsholtzia* Willd.

柴荆芥（木香薷）*E. stauntoni* Benth

鸡骨柴 *E. fruticosa* Rehd.

（七十七）茄科 Solanaceae

枸杞属 *Lycium* L.

枸杞 *L. chinense* Mill.

*宁夏枸杞 *L. barbarum* L.

（七十八）玄参科 Scrophulariaceae

泡桐属 *Paulownia* Sieb. et Zucc.

毛泡桐（泡桐） *P. tomentosa*（Thunb.）Steud.

光泡桐 *P. tomentosa*（Thunb.）Steud. var. *tsinlingensis* Gong Tong

兰考泡桐（河南泡桐） *P. elongata* S. Y. Hu

楸叶泡桐 *P. catalpifolia* Gong Tong.

白花泡桐（泡桐、大果泡桐） *P. fortunei*（Seem.）Hemsl.

（七十九）紫葳科 Bignoniaceae

1. 梓树属 *Catalpa* Scop.

梓树（河楸） *C. voata* D. Don

楸树 *C. bungei* C. A. Mey

灰楸 *C. fargesii* Bureau

光灰楸 *C. fargesii* Bur. f. *duclouxii* Dode

*黄金树 *C. speciosa* Warder

2. 凌霄属 *Campasis* Lour.

凌霄（紫葳） *C. grandiflora*（Thunb.）Loisel.

*美洲凌霄 *C. radicans*（L.）Seem.

（八十）苦苣苔科 Gesneriaceae

吊石苣苔属 *Lysionotus* D. Don

吊石苣苔（石吊兰） *L. pauciflorus* Maxim.

（八十一）茜草科 Rubiaceae

1. 水团花属 *Adina* Salisb.

水冬瓜（鸡子木） *A. pilulifera*（Lam.）Franch. ex Drake

细叶水团花 *A. rubella* Hance

2. 香果树属 *Emmenopterys* Oliv.

香果树 *E. henryi* Oliv.

3. 栀子属 *Gardenia* Ellis.

*栀子（山栀、黄栀子） *G. jasminoides* Ellis

*栀子花 *G. jasminoides* Ellis var. *grandflora* Nakai

4. 野丁香属 *Leptodermis* Wall.

薄皮木 *L. oblonga* Bunge

5. 六月雪属 *Serissa* Comm.

白马骨（六月雪） *S. serissoides*（DC.）Druce

六月雪（满天星） *S. foetida* Comm.

6. 鸡矢藤属 *Paederia* L.

鸡矢藤 *P. scandens* Merr.

毛鸡矢藤 *P. scandens* Merr. var. *tomentosa*（Bl.）Hand. -Mazz

(八十二)忍冬科 Caprifoliaceae

1. 接骨木属 *Sambucus* L.

   接骨木 *S. wiliamsii* Hance.

2. 荚蒾属 *Viburnum* L.

   聚花荚蒾 *V. glomeratum* Maxim.

   绣球荚蒾 *V. macrocephalum* Fort.

   琼花 *V. macrocephalum* Fort. f. *keteleeri* (Carr.) Rehd.

   陕西荚蒾 *V. schensianum* Maxim.

   蒙古荚蒾 *V. mongolicum* Rehd.

   烟管荚蒾 *V. utile* Hemsl.

   皱叶荚蒾(枇杷叶荚蒾) *V. rhytidophyllum* Hemsl.

   合轴荚蒾 *V. sympodiale* Graebn.

   香荚蒾 *V. farreri* W. T. Stearn

   珊瑚树 *V. odoratissimum* Ker-Gawl.

   粉团 *V. plicatum* Thunb.

   茶荚蒾 *V. setigerum* Hance.

   黑果荚蒾 *V. melanocarpum* Hsu

   桦叶荚蒾 *V. betulifolium* Batal.

   阔叶荚蒾 *V. lobophyllum* Graebn.

   湖北荚蒾 *V. hupehense* Rehd.

   北方荚蒾 *V. hupehense* sp. *septentrionale* P. S. Hsu

   荚蒾 *V. dilatatum* Thunb.

   宜昌荚蒾 *V. erosum* Thunb.

   鸡树条荚蒾 *V. opulus* L. var. *calvescens* Hara.

   八仙花 *V. macrocephalum* Fort. f. *keteleeri* Rehd.

   球核荚蒾 *V. propinquum*

3. 蝟实属 *Kolkwitzia* Graebn.

   蝟实 *K. amabilis* Graebn.

4. 六道木属 *Abelia* R. Br.

   糯米条 *A. chinensis* R. Br.

   二翅六道木 *A. macrotera* Rehd.

   蓪梗花 *A. engleriana* Rehd.

   六道木 *A. biflora* Turcz.

   南方六道木 *A. dielsii* Rehd.

5. 锦带花属 *Weigela* Thunb.

   锦带花 *W. florida* A. DC.

   半边月 *W. japonica* Thun. var. *sinica* (Rehd.) Bailey.

   海仙花 *W. coraeensis*

6. 忍冬属 *Lonicera* L.

唐古特忍冬(陇塞忍冬) *L. tangutica* Maxim.

毛药忍冬(山味咪) *L. serreana* Hand. -Mazz.

袋花忍冬 *L. saccata* Rehd.

短苞忍冬 *L. schneideriana* Rehd.

四川忍冬 *L. szechuanica* Batal.

小叶忍冬 *L. microphylla* Willd. ex Roem. et Schult.

华西忍冬 *L. webbiana* Wall. et DC.

粘毛忍冬 *L. fargesii* Franch.

丁香叶忍冬(丁香忍冬) *L. oblata* Hao ex Hsu et H. J. Wang

下江忍冬 *L. modesta* Rehd.

短梗忍冬 *L. graebneri* Rehd.

红脉忍冬 *L. nervosa* Maxim.

华北忍冬 *L. tatarinowii* Maxim.

蕊被忍冬 *L. qynochlamydea* Hemsl.

蓝靛果 *L. caerulea* L. var. *edulis* Turcz. ex Herd.

葱皮忍冬 *L. ferdinandii* Franch.

刚毛忍冬 *L. hispida* Pall. ex Roem.

冠果忍冬 *L. stephanocarpa* Franch.

北京忍冬 *L. elisae* Franch.

郁香忍冬 *L. fragrantissima* Lindl. ex Paxon

苦糖果 *L. fragrantissima* subsp. *standishii*

金花忍冬 *L. chrysantha* Turcz.

须蕊忍冬 *L. chrysantha* Turcz. subsp. *koehneana* (Rehd.) Hsu et H. J. Wang

金银忍冬 *L. maackii* Maxim. f. *podocarpa* Franch. ex Rehd.

红花金银忍冬 *L. maackii* Maxim. var. *erubescens* Rehd.

淡红忍冬 *L. acuminata* Wall.

忍冬(二花) *L. japonica* Thunb.

盘叶忍冬 *L. tragophylla* Hemsl.

金银花 *L. japonica* Thunb.

红腺忍冬 *L. hypoglauca* Miq.

* 亮叶忍冬 *L. ligustrina* subsp. *yunnanensis*

(八十三)菊科 Compositae

1. 帚菊属 *Pertya* Sch. -Bip.

华帚菊 *P. sinensis* Oliv.

心叶帚菊 *P. cordifolia* Mattf.

2. 蚂蚱腿子属 *Myripnois* Bunge

蚂蚱腿子 *M. dioica* Bunge

Ⅱ. 单子叶植物 Monocoty ledoneae

(八十四) 禾本科 Graminae

1. 刚竹属 *Phyllostachys* Sieb. et Zucc.

毛竹(楠竹、江南竹) *P. pubescens* Mazel

刚竹(黄竹、五月竹) *P. bambusoides* Sieb. et Zucc.

斑竹(湘妃竹) *P. bambusoides* Sieb. et Zucc. f. *tanakae* Makino

美竹 *P. deecora* McClure

焦皮竹 *P. viridis* McClure

黄皮绿筋竹 *P. viridis* McClure. ‘Houzeaus’

乌哺鸡竹(凤凰竹) *P. virax* McClure

黄纹竹 *P. virax* McClure. ‘Huanwenzhu’

毛环竹 *P. meyeri* McClure

水什竹 *P. angusta* McClure

早园竹(桂竹) *P. propinqua* McClure

淡竹(青竹、麦茬莩竹) *P. glauca* McClure

花斑竹 *P. glauca* McClure. ‘Yunzhu’

变竹 *P. glauca* McClure. ‘varibilis’

甜竹(紫竹) *P. flexuosa* (Carr.) A. et C. Riv.

紫竹(黑竹) *P. nigra* (Lodd.) Munro

冬瓜皮竹(灰竹、白竹) *P. nigra* (Lodd.) Munro var. *henonis* (Mitf.) Stapf ex Rendle

花竹(扫帚竹) *P. nidularia* Munro

水竹 *P. congesta* Rendle

直秆黎子竹(水竹) *P. purpurata* McClure var. *straightsttem* McClure

罗汉竹(寿星竹) *P. aurea* A. Carr. ex Riv.

金镶玉竹 *P. aureosulcata* McClure‘Spectabilis’

2. 苦竹属 *Pleioblastus* Nakai

苦竹(石竹) *P. amarus* (Keng) keng f.

3. 箬竹属 *Indocalamus* Nakai

阔叶箬竹(石竹、寮竹) *I. latifolius* McClure

箬叶竹(寮竹) *I. longiauritus* Hand. -Mazz.

4. 刺竹属 *Bambusa* Schreber.

孝顺竹(凤尾竹、凤凰竹) *B. multiplex* (Lour.) Reausch.

粉单竹 *B. chungii* McClure

凤凰竹(罗汉竹) *B. multiplex* (Lour.) Reausch.

5. 箭竹属 *Sinarundinaria* Nakai

箭竹(筷子竹) *S. nitida* (Mitford) Nakai

伏牛山箭竹

6. 拐棍竹属 *Fargesia* Franch.

拐棍竹(松花竹、扫帚竹) *F. spathacea* Franch.

伏牛山箭竹 *F. funiushanensis* Yi

窝竹 *F. brevissima* Yi

7. 矢竹属 *Pseudosasa*

鸡公山茶竿竹 *P. maculifera* J. L. Lu

8. 倭竹属 Shibataea Makino ex Nakai

倭竹 *S. kumasasa* (Zoll. ex Steud.) Makino

(八十五)棕榈科 Palmae

1. 棕榈属 *Trachycarpus* H. Wendl.

* 棕榈 *T. fortunei*

2. 蒲葵属 *Livistona*

* 蒲葵 *L. chinensis* (Jacq.) R. Br.

(八十六)百合科 Liliaceae

1. 丝兰属 *Yucca* L.

* 凤尾丝兰 *Y. gloriosa* L.

2. 菝葜属 *Smilax* L.

华东菝葜 *S. sieboldii* Miq.

短梗菝葜(威灵仙) *S. scobinicaulis* C. H. Wright

菝葜(金刚刺) *S. china* L.

托柄菝葜 *S. discotis* Warb.

黑果菝葜(粉菝葜)*S. glauco-china* Warb.

鞘柄菝葜 *S. stans* Maxim.

防己叶菝葜 *S. menispermoidea* A. DC.

土茯苓 *S. glabra* Roxb.

小叶菝葜 *S. microphylla* C. H. Wright

短梗菝葜 *S. scobinicaulis* C. H. Wright

小果菝葜 *S. davidiana* A. DC.

黑叶菝葜 *S. nigrescens* Wang et Tang ex P. Y. Li.

(备注: * 表示栽培种)

河南省优良林分、优良单株选择主要树种名录

一、裸子植物 Gymnospermae

（一）银杏科 Ginkgoaceae

银杏属 *Ginkgo* L

银杏 *G. biloba* L.

（二）松科 Pinaceae

1. 冷杉属 *Abies* Mill.

秦岭冷杉 *A. chensiensis* van. Tiegh.

巴山冷杉（太白冷杉）*A. fargesii* Franch.

2. 铁杉属 *Tsuga* Carr.

铁杉（杉松）*T. chinensis* Pritz.

3. 云杉属 *Picea* Dietr.

麦吊云杉（垂枝云杉）*P. brachytyla* Pritz.

4. 落叶松属 *Larix* Mill

日本落叶松 *L. kaempferi* Carr.

华北落叶松 *L. principis-rupprechtii* Mayr.

5. 金钱松属 *Pseudolarix* Gord.

金钱松 *P. larix amabilis* (Nelson) Rehd

6. 松属 *Pinus* L.

华山松 *P. armaudi* Franch.

白皮松 *P. bungeana* Zucc. ex Endl.

马尾松 *P. massoniana* Lamb.

黄山松 *P. tarwanensis* Hayata

油松 *P. tabulaeformis* Carr.

黑松 *P. thunbergii* Parl.

火炬松 *P. taeda* L.

湿地松 *P. elliotii* Engelm.

（三）杉科 Taxodiaceae

1. 杉木属 *Cunninghamia* R. Br

杉木 *C. lanceolata* Hook.

2. 柳杉属 *Cryptomeria* D. Don.

柳杉 *C. fortunei* Hooibrenk ex Otto et Dietr.

日本柳杉（孔雀杉）*C. japonica* (L. f.) D. Don

3. 落羽杉属 *Taxodium* Rich.

落羽杉(落羽松)*T. distichum* (L.) Rich.

池杉(落叶杉)*T. ascendens* Brongn.

4. 水杉属 *Metasequoia* Miki ex Hu et Cheng

水杉 *M. glyptostroboides* Hu et Cheng

5. 秃杉属 *Taiwania* Hayata

秃杉(台湾杉)*T. cryptomerioides* Hayata

(四)柏科 Cupressaceae

1. 侧柏属 *Platycladus* Spach.

侧柏(柏树)*P. orientalis*(L.) Franch.

2. 柏木属 *Cupressus* L.

柏木 *C. funebris* Endl.

3. 圆柏属 *Sabina* Mill.

北美圆柏(铅笔柏)*S. virginiana* Ant.

圆柏(桧柏)*S. chinensis* Ant.

4. 刺柏属 *Juniperus* L.

杜松 *J. rigida* Sieb. et Zucc.

刺柏(刺松)*J. formosana* Hayata

(五)粗榧科 Cephalotaxaceae

三尖杉属 *Cephalotaxus* Sieb. et Zucc. ex Endl.

三尖杉 *C. fortunei* Hook. f.

中国粗榧 *C. sinensis* Li

(六)红豆杉科 Taxaceae

红豆杉属 *Taxus* L.

红豆杉(紫柏树)*T. chiuensis* Rehd.

南方红豆杉 *T. chinensis* Rehd. var. *mairei* Cheng et L. K. Fu

二、被子植物 Angiospermae

(一)杨柳科 Salicaceae

1. 杨属 *Populus* L.

毛白杨 *P. tomentosa* Carr.

山杨 *P. davidiana* Dode

小叶杨 *P. simonii* Carr.

2. 柳属 *Salix* L.

腺柳(河柳)*S. chaenomeloides* Kimura

(二)胡桃科 Juglandaceae

1. 化香树属 *Platycarya* Sieb. et Zucc.

化香树 *P. strobilacea* Sieb. et Zucc.

2. 青钱柳属 *Cyclocarya* Iljinsk

青钱柳 *C. paliurus*（Batal.）Iljinsk.

3. 枫杨属 *Pterocarya* Kunth

枫杨 *P. stenoptera* DC

湖北枫杨 *P. hupehensis* Skan.

4. 胡桃属 *Juglans* L.

胡桃（核桃）*J. regia* L.

野胡桃（山核桃）*J. cathayensis* Dode.

胡桃楸 *J. mandshurica* Maxim.

黑核桃 *J. major*

5. 山核桃属 *Carya* Nutt.

山核桃 *C. cathayensis* Sarg.

美国山核桃 *C. illenoensis* K. Koch.

（三）桦木科 Betulaceae

1. 桦木属 *Betula* L.

白桦 *B. platyphylla* Suk.

坚桦（黑桦）*B. chinensis* Maxim.

亮叶桦（光皮桦）*B. luminifera* H. Winkl.

糙皮桦 *B. utilis* D. Don

红桦（红皮桦）*B. albo-sinensis* Burk.

2. 桤木属 *Alnus* Mill.

桤木（水冬瓜）*A. cremastogyne* Burk.

赤杨（日本桤木）*A. japonica* Sieb. et Zucc.

3. 榛属 *Corylus* L.

华榛 *C. chinensis* Franch.

4. 鹅耳枥属 *Carpinus* L.

千金榆 *C. cordata* Bl.

鹅耳枥 *C. turczaninowii* Hance.

（四）壳斗科 Fagaceae

1. 水青冈属 *Fagus* L.

米心水青冈 *F. engleriana* Seem.

2. 栗属 *Castanea* Mill.

栗（栗子）*C. mollissima* Bl.

茅栗（野栗子）*C. seguinii* Dode.

3. 栎属 *Quercus* L.

栓皮栎 *Q. variabilis* Bl.

麻栎 *Q. acutissima* Carr.

枹树 *Q. glandulifera* Bl.

短柄枹树 *Q. glandulifera* Bl. var. *brevipetiolata* Nakai

槲栎(大叶青冈)*Q. aliena* Bl.

锐齿槲栎(大叶青冈)*Q. aliena* Bl. var. *acutiserrata* Maxim.

房山栎 *Q. fangshanensis* Liou

青冈栎 *Q. glauca* Thunb.

小叶青冈栎 *Q. glauca* Thunb. f. *gracils* Rehd. et Wils.

青栲(小叶青冈)*Q. myrsinaefolia* Bl.

(五)榆科 Ulmaceae

1. 榆属 *Ulmus* L.

大果榆 *U. macrocarpa* Hance

脱皮榆 *U. lamellosa* T. Wang et S. L. Chang

太行榆 *U. taihangshanensis* S. Y. Wang

榆树(白榆)*U. pumila* L.

春榆 *U. propinqua* Kiodz.

榔榆(秋榆)*U. parvifolia* Jacq.

2. 刺榆属 *Hemiptelea* Planch.

刺榆 *H. davidii*(Hance) Planch.

3. 榉树属 *Zelkova* Spach.

大叶榉(榉树)*Z. schneideriana* Hand. -Mazz.

大果榉(小叶榉)*Z. sinica* Schneid.

4. 朴属 *Celtis* L.

大叶朴 *C. koraiensis* Nakai

小叶朴 *C. bungeana* Bl.

珊瑚朴 *C. julianae* Schneid.

朴树 *C. tetrandra* subsp. *sinensis* (Pers.) Y. C. Tang

5. 糙叶树属 *Aphananthe* Planch.

糙叶树 *A. aspera* (Bl.) Planch.

6. 青檀属 *Pteroceltis* Maxim.

青檀 *P. tatarinowii* Maxim.

(六)桑科 Moraceae

1. 桑属 *Morus* L.

桑(白桑)*M. alba* L.

2. 构属 *Broussonetia* L'Herit. ex Vent.

构树(楮)*B. papyrifera*. (L.) L'Herit. ex Vent.

(七)领春木科 Eupteleaceae

领春木属 *Euptelea* Sieb. et Zucc.

领春木(钥匙树)*E. pleiosperma* Hook. f. et Thoms. f. *franchetii* (Van Tiegh.) P. C. Kuo

（八）连香树科 Cercidiphyllaceae

连香树属 *Cercidiphyllum* Sieb. et Zucc.

连香树 *C. japonicum* Sieb. et Zucc.

（九）木兰科 Magnoliaceae

1. 木兰属 *Magnolia* L.

厚朴 *M. officinalis* Rehd. et Wils.

凹叶厚朴 *M. biloba* Cheng

望春玉兰（望春花）*M. biondii* Pamp.

玉兰（白玉兰）*M. denutata* Desr.

2. 鹅掌楸属 *Liriodendron* L.

鹅掌楸（马褂木）*L. chinenes* Sarg.

3. 水青树属 *Tetracentron* Oliv.

水青树 *T. sinense* Oliv.

（十）蜡梅科 Calycanthaceae

蜡梅属 *Chimonanthus* Lindl.

蜡梅 *C. praecox* (L.) Link.

（十一）樟科 Lauraceae

1. 润楠属 *Machilus* Nees

宜昌润楠（大叶楠）*M. ichangensis* Rehd. et Wils.

2. 楠木属 *Phoebe* Nees

楠木（桢楠）*P. zhennan* S. Lee et F. N. Wei

山楠（大叶楠）*P. chinensis* Chun

紫楠 *P. sheareri* (Hemsl.) Gamble

3. 樟属 *Cinnamomum* Bl.

樟树（香樟）*C. camphora* (L.) presl

4. 檫木属 *Sassafras* Trew

檫木 *S. tzumu* (Hemsl.) Hemsl.

5. 木姜子属 *Litsea* Lam.

天目木姜子 *L. auriculata* Chien et Cheng

6. 山胡椒属 钓樟属 *Lindera* Thunb.

三桠乌药 *L. obtusiloba* Bl.

黑壳楠 *L. megaphylla* Hemsl.

（十二）虎耳草科 Saxifragaceae

1. 绣球属 *Hydrangea* L.

绣球（阴绣球、八仙花）*H. macrophylla* (Thunb.) Ser.

中国绣球 *H. chinensis* Maxim.

长柄绣球（莼兰绣球）*H. longipes* Franch.

2. 溲疏属 *Deutzia* Thunb.

大花溲疏 *D. grandiflora* Bunge

溲疏 *D. scabra* Thunb.

粉红溲疏 *D. rubens* Rehd.

3. 山梅花属 *Philadelphus* L.

太平花 *P. pekinensis* Rupr.

山梅花 *P. incanus* Koehne

（十三）金缕梅科 Hamamelidaceae

1. 枫香属 *Liquidambar* L.

枫香 *L. formosana* Hance

美国枫香 *L. styraciflua* L.

2. 山白树属 *Sinowilsonia* Hemsl.

山白树 *S. henryi* Hemsl.

3. 蚊母树属 *Distylium* Sieb. et Zucc.

蚊母树 *D. racemosum* Sieb. et Zucc.

（十四）杜仲科 Eucommiaceae

杜仲属 *Eucommia* Oliv.

杜仲 *E. ulmoides* Oliv.

（十五）悬铃木科 Platanaceae

悬铃木属 *Platanus* L.

二球悬铃木 *P.* × *ocrifolia*（Ait.）Willd.

（十六）蔷薇科 Rosaceae

1. 绣线菊属 Spiraea L.

绣线菊 *S. spp.*

2. 珍珠梅属 *Sorbaria*（Ser.）A. Br. ex Aschers.

珍珠梅 *S. sorbifolia*（L.）A. Br.

3. 绣线梅属 *Neillia* D. Don

毛叶绣线梅 *N. ribesioides* Rehd.

中华绣线梅 *N. sinensis* Oliv.

4. 白鹃梅属 *Exochorda* Lindl.

白鹃梅（龙牙菜）*E. racemosa*（Lindl.）Rehd.

5. 栒子属 *Cotoneaster*（B. Ehrhart）Medic.

水栒子 *C. multiflorus* Bunge

平枝栒子 *C. horizontalis* Dcne.

C. spp.

6. 火棘属 *Pyracantha* Roem

火棘 *P. frotuneana*（Maxim.）H. L. Li

7. 山楂属 *Crataegus* L.

山楂 *C. pinnatifida* Bunge

山里红（大果山楂）*C. pinnatifida* Bunge var. *major* N. E. Br.

8. 石楠属 *Photinia* Lindl.

椤木石楠 *P. davidsoniae* Rehd.

石楠 *P. serrulata* Lindl.

9. 花楸属 *Sorbus* L.

水榆花楸 *S. alnifolia*（Sieb. et Zucc.）K. Koch.

石灰花楸 *S. folgneri*（Schneid.）Rehd.

花楸树 *S. pohuashanensis*（Hance）Hedl.

湖北花楸 *S. hupehensis* Schneid.

陕甘花楸 *S. koehneana* Schneid.

10. 木瓜属 *Chaenomeles* Lindl.

木瓜 *C. sisnesis*（Thouin）koehne.

11. 梨属 *Pyrus* L.

杜梨（棠梨）*P. betulaefolia* Bunge

豆梨（棠梨）*P. calleryana* Decne.

12. 苹果属 *Malus* Mill.

山荆子（山定子）*M. baccata*（L.）Borkh

湖北海棠 *M. Hupehensis*（Pamp.）Rehd.

垂丝海棠 *M. halliana* Koehne.

西府海棠 *M. micromalus* Makino

河南海棠 *M. honanensis* Rehd

M. spp.

13. 棣棠花属 *Kerria* DC.

棣棠花 *K. japonica*（L.）DC.

14. 鸡麻属 *Rhodotypos* Sieb. et Zucc.

鸡麻 *R. scandens*（Thunb.）Makino

15. 悬钩子属 *Rubus* L.

覆盆子 *R. idaeus* L.

R. spp.

16. 蔷薇属 *Rosa* L.

木香花（木香）*R. banksiae* Aiton

黄刺玫 *R. xanthina* Lindl.

玫瑰 *R. rugosa* Thunb.

野蔷薇（蔷薇）*R. multiflora* Thunb. *R. spp.*

17. 桃属 *Amygdalus* L.（*Prunus* L.）

扁桃（巴旦杏）*A. communis* L.

山桃(毛桃)*A. davidiana* (Carr.)C. de Voss ex Henry

桃(桃树)*A. persica* L.

18. 杏属 *Armeniaca* Mill

杏(杏树)*A. vulgaris* Lam.

野杏 *A. vulgaris* Lam. var. ansu (Maxim.) Yu et Li

山杏(西伯利亚杏)*A. sibirica* (L.) Lam.

19. 李属 *Prunus* L.

杏李(李米杏)*P. simonii* Carr.

红叶李(紫叶李)*P. cerasifera* Ehrh. var. *atropurpurea* Rehd.

李(山李子)*P. salicina* Lindl.

20. 樱属 *Cerasus* Mill. (*Prunus* L.)

樱桃 *C. pseudocerasus* (Lindl) G. Gon.

山樱花(山樱桃)*C. serrulata* (Lindl.)G. Don ex London

毛樱桃(野樱桃)*C. tomentosa* (Thunb.)Wall.

郁李 *C. japonica* (Thunb.)Lois.

麦李 *C. glandulosa* (Thunb.)Lois.

欧李(牛李)*C. hummilis* (Bunge) Sok.

21. 稠李属 *Padus* Mill.

稠李(桃子木)*P. racemosa* (Lam.) Gilib.

(十七)豆科 Leguminosae

1. 合欢属 *Albizzia* Durazz.

山槐 *A. kalkora*(Roxb.)Prain

合欢(绒花树)*A. julibrissin* Durazz.

2. 皂荚属 *Gleditsia* L.

皂荚(皂角)*G. sinensis* Lam.

3. 云实属 *Caesalpinia* L.

云实 *G. decapetala* (Roxb) Alston

4. 紫荆属 *Cercis* L.

湖北紫荆 *C. glabra* Pamp.

5. 槐属 *Sophora* L.

槐树(国槐)*S. japonica* L.

6. 紫藤属 *Wisteria* Nutt.

紫藤(葛花、葛藤)*W. sirensis* Sweet

7. 刺槐属 *Robinia* L.

刺槐 *R. pseudoacacia* L.

香花槐 *R. pseudoacacia* cv. *idaho*

8. 黄檀属 *Dalbergia* L. f.

黄檀 *D. hupeana* Hance

（十八）**芸香科** Rutaceae

1. 吴茱萸属 *Evodia* Forst.

吴茱萸（臭辣树）*E. rutaecarpa*（Juss.）Benth.

臭檀（臭辣树）*E. daniellii*（Benn.）Hemsl.

湖北臭檀 *E. hupenhensis* Dode

2. 花椒属 *Zanthoxylum* L.

花椒 *Z. bunngeanum* Maxim

樗叶花椒 *Z. ailanthoides* Sieb. et Zucc.

刺椒树 *Z. mieranthum* Hemsl.

3. 黄檗属 *Phellopdendron* Rupr.

黄檗（黄柏树）*P. amurense* Rupr.

（十九）**苦木科** Simarubaceae

1. 苦木属 *Picrasma* Bl.

苦木（苦檀）*P. quassioides*（D. Don）Benn.

2. 臭椿属（樗属）*Ailanthus* Desf.

臭椿 *A. altissima*（Mill.）Swingle

（二十）**楝科** Meliaceae

1. 香椿属 *Toona*（Endl.）Roem.

香椿 *T. sinensis*（A. Juss.）Roem

小果香椿（红椿）*T. microcarpa*（C. DC.）Harms

2. 楝属 *Melia* L.

楝（苦楝、楝树）*M. azedarach* L.

川楝 *M. toosendan* Sieb. et Zucc.

（二十一）**大戟科** Euphorbiaceae

1. 重阳木属 *Bischofia* Bl.

重阳木 *B. polycarpa* Airy-show.

2. 油桐属 *Vernicia* Lour.

油桐 *V. fordii* Airy-schow.

3. 乌桕属 *Sapium* P. Br.

乌桕 *S. Sebiferum*（L.）Roxb.

（二十二）**漆树科** Anacardiaceae

1. 南酸枣属 *Choerospondias* Burtt et Hill.

南酸枣 *C. axillaris* Burtt et Hill.

2. 黄连木属 *Pistacia* L.

黄连木（黄楝树）*P. chinensis* Bunge

3. 盐肤木属 *Rhus* L.

盐肤木（五倍子）*R. chinensis* Mill.

红肤杨 *R. punjabensis* Stewart var. *sinica* Rehd. et Wils.

青麸杨 *R. potaninii* Maxim.

4. 漆属 *Toxicodendron* (Tourn) Mill.

漆树 *T. verniciflnum* F. A. Barkley

木蜡树 *T. sylvestre* Kuntze

野漆 *T. succedaneum* O. Kuntze

5. 黄栌属 *Cotinus* Mill.

毛黄栌 *C. coggygria* Scop. var. *pubescens* Engl.

(二十三)冬青科 Aquifoliaceae

冬青属 *Ilex* L.

大叶冬青 *I. latifolia* Thunb.

冬青 *I. purpurea* Hassk.

大果冬青 *I. macrocarpa* Oliv.

(二十四)卫矛科 Celastraceae

卫矛属 *Euonymus* L.

白杜(丝棉木、桃叶卫矛)*E. bungeanus* Maxim.

栓翅卫矛(鬼见愁)*E. phellomanes* Loes.

陕西卫矛(金丝吊蝴蝶)*E. schensianus* Maxim.

小果卫矛 *E. microcarpus* (Oliv.) Sprague.

石枣子 *E. sanguineus* Loes.

紫花卫矛(金丝吊蝴蝶)*E. porphyreus* Loes.

(二十五)省沽油科 Staphyleaceae

1. 省沽油属 *Staphylea* L.

膀胱果 *S. holocarpa* Hemsl.

省沽油 *S. bumalda* DC.

2. 野鸦椿属 *Euscaphis* Sieb. et Zucc.

野鸦椿 *E. japonica* Dipp.

3. 银鹊树属 *Tapiscia* Oliv.

银鹊树 *T. sinensis* Oliv.

(二十六)槭树科 Aceraceae

1. 金钱槭属 *Dipteronia* Oliv.

金钱槭 *D. sinensis* Oliv.

2. 槭属 *Acer* L.

元宝槭(华北五角枫)*A. truncatum* Bunge

五角枫 *A. mono* Maxim.

三裂地锦槭 *A. mono* Maxim. var. *Tricuspis* Rehd.

叉叶槭(鸡爪槭)*A.. robustum* Pax

河南叉叶槭(鸡爪槭)*A. robustum* Pax. var. Honanense Fang.

三角枫 *A. buergerianum* Miq.

飞蛾槭 *A. oblongum* Wall.

房县槭(山枫香)*A. franchetii* Pax.

血皮槭(红皮槭)*A. griseum* (Franch.)Pax.

建始槭(三叶槭)*A. henryi Pax.*

梣叶槭(复叶槭)*A. negundo* L.

庙台槭 *A. miaotaiense* P. C. Tsoong

(二十七)**七叶树科** Hippocastanaceae

七叶树属 *Aesculus* L.

七叶树(桫椤树)*A. chinensis* Bunge

天师栗(猴板栗)*A. wilsonii* Rehd.

(二十八)**无患子科** Sapindaceae

1. 无患子属 *Sapindus* L.

无患子 *S. mukorossi* Gaertn.

2. 栾树属 *Koelreuteria* Laxm.

栾树 *K. paniculata* Laxm.

黄山栾(全缘栾树)*K. bipinnata* Franch. var. *integrifoliola* (Merr.) T. Chen

3. 文冠果属 *Xanthoceras* Bunge

文冠果 *X. sorbifolia* Bunge

(二十九)**清风藤科** Sabiaceae

泡花树属 *Meliosma* Bl.

暖木 *M. veitchiorum* Hemsl.

珂楠树 *M. beaniana* Rehd. et Wils.

红柴枝(南京珂楠树)*M. oldhamii* Maxim.

(三十)**鼠李科** Rhamnaceae

1. 枳椇属 *Hovenia* Thunb.

北枳椇(拐枣、甜半夜)*H. dulcis* Thunb.

枳椇 *H. acerba* Lindl.

2. 铜钱树属(马甲子属) *Paliurus* Mill.

铜钱树 *P. hemsleyansus* Rehd.

3. 枣属 *Zizypus* Mill.

枣 *Z. jujuba* Mill.

(三十一)**椴树科** Tiliaceae

椴树属 *Tilia* L.

辽椴(糠椴)*T. mandshurica* Rupr. et Wils.

糯米椴 *T. henryans* Szyszyl. var. *subglara* V. Engl.

华椴 *T. chinensis* Maxim.

粉椴 *T. oliveri* Szyszyl.

南京椴 *T. miqueliana* Maxim.

蒙椴 *T. mongolica* Maxim.

大椴 *T. nobilis* Rehd. et. Wils

华东椴 *T. japonica* Simonk.

少脉椴 *T. paucicostata* Maxim.

(三十二)梧桐科 Sterculiaceae

梧桐属 *Firmiana* Marsigli

梧桐(青桐)*F. simplex* (L.) W. F. Wight

(三十三)山茶科 Theaceae

1. 山茶属 *Camellia* L.

油茶 *C. oleifera* Abel.

茶树 *C. sinensis* (L.) O. Ktze.

2. 紫茎属 *Stewartia* L.

紫茎(猴不上)*S. sinensis* Rehd. et Wils.

(三十四)大风子科 Flacourtiaceae

1. 山桐子属 *Idesia* Maxim.

山桐子(水冬瓜)*I. polycarpa* Maxim.

2. 山拐枣属 *Poliothyrsis* Oliv.

山拐枣 *P. sinesis* Oliv.

(三十五)蓝果树科 Nyssaceae

喜树属 *Camptotheca* Decne

喜树 *C. acuminata* Decne.

(三十六)八角枫科 Alangiaceae

八角枫属 *Alangium* Lam.

八角枫(华瓜木)*A. chinense Harms*

瓜木(八角枫)*A. platanifolium Harms*

(三十七)五加科 Araliaceae

刺楸属 *Kalopanax* Miquel

刺楸 *K. septemlobus* (Thunb.) Koidz.

(三十八)山茱萸科 Cornaceae

1. 灯台树属 *Bothrocaryum* (Koehne) Pojark.

灯台树 *B. controversum* (Hemsl.) Pojark.

2. 梾木属 *Swida* Opiz

光皮树 *S. wilsoniana*(Wanger.) Sojak

红椋子 *S. hemsleyi* (Schneid. et Wanger.) Sojak

黑椋子 *S. poliophylla* Sojark

梾木(椋子)*S. macrophylla* Sojark

毛梾 *S. walteri* Wanger

3. 山茱萸属 *Cornus* L.

山茱萸 *C. officinalis* Sieb. Et Zucc.

4. 四照花属 *Dendrobenthamia* Hutch.

四照花 *D. japonica* (A. P. Dc.) Fang var. *chinensis* Fang

(三十九)柿树科 Ebeanaceae

柿树属 *Diospyros* L.

柿 *D. kaki* L. f.

野柿 *D. kaki* L. f. form. *silvestris* Makino.

君迁子(软枣)*D. lotus* L.

(四十)野茉莉科 Styracaceae

1. 野茉莉属 *Styrax* L.

玉铃花 *S. obassia* Sieb. et Zucc.

郁香野茉莉 *S. odoratissima* Champ.

垂珠花 *S. dasyantha* Perk.

2. 秤锤树属 *Sinojackia* Hu

秤锤树 *S. xylocarpa* Hu

(四十一)木犀科 Oleaceae

1. 白蜡树属 *Fraxinus* L.

小叶白蜡树 *F. chinensis* Roxb.

白蜡树 *F. chinensis* Roxb.

大叶白蜡树(花曲柳)*F. rhynchophylla* Hance

象白蜡(宽果梣)*F. platypoda* Oliv.

水曲柳 *F. mandschurica* Rupr.

2. 木樨属 *Osmanthus* L.

木樨(桂花)*O. fragrans* Lour.

3. 流苏树属 *Chionanthus* L.

流苏树 *C. retusus* Lindl. et paxt.

4. 女贞属 *Ligustrum* L.

女贞 *L. lucidum* Ait.

小蜡 *L. sinense* Lour.

光蜡子树 *L. acutissimum* Koehne. var. *glabrum* Z. Y. Zhang.

水蜡树 *L. obtusifolium* Seib. et Zucc.

(四十二)紫草科 Boraginaceae

厚壳树属 *Ehretia* L.

粗糠树 *E. macrophylla* Wall

厚壳树 *E. thyrsiflora* (Sieb. Et Zucc.) Nakai.

(四十三)**玄参科** Scrophulariaceae

泡桐属 *Paulownia* Sieb. et Zucc.

毛泡桐 *P. tomentosa* (Thunb.) Steud.

光泡桐 *P. tomentosa* (Thunb.) Steud. var. *tsinlingensis* Gong Tong

兰考泡桐 *P. elongata* S. Y. Hu

楸叶泡桐 *P. catalpifolia* Gong Tong.

白花泡桐(大果泡桐)*P. fortunei* (Seem.) Hemsl.

(四十四)**紫葳科** Bignoniaceae

梓树属 *Catalpa* Scop.

梓树 *C. voata* D. Don

楸树 *C. bungei* C. A. Mey

(四十五)**茜草科** Rubiaceae

1. 香果树属 *Emmenopterys* Oliv.

香果树 *E. henryi* Oliv.

2. 栀子属 *Gardenia* Ellis.

栀子(黄栀子)*G. jasminoides* Ellis

栀子花 *G. jasminoides* Ellis var. *grandflora* Nakai

(四十六)**忍冬科** Caprifoliaceae

1. 荚蒾属 *Viburnum* L.

琼花 *V. macrocephalum* Fort. f. *keteleeri* (Carr.) Rehd.

鸡树条荚蒾 *V. opulus* L. var. *calvescens* Hara.

天目琼花 *V. sargentii* Koehne var. *calcescens* Rehd

2. 蝟实属 *Kolkwitzia* Graebn.

蝟实 *K. amabilis* Graebn.

河南省主要栽培林木品种名录

一、用材林树种

(一)柏木

1. 西藏柏木
2. 河南桧

(二)圆柏

北美圆柏

(三)杉木

1. 融水杉木种源
2. 乐昌杉木种源
3. 会同杉木种源
4. 洪雅杉木种源
5. 锦屏杉木种源

(四)落叶松

洛阳1号日本落叶松

(五)毛白杨

1. 小叶1号毛白杨
2. 毛白杨CFG37
3. 毛白杨CFG1012
4. 毛白杨30号
5. 毛白杨CFG·301
6. 毛白杨CFG9832
7. 毛白杨CFG351
8. 毛白杨CFG34
9. 三毛杨7号
10. 三毛杨8号
11. 北林雄株1号
12. 北林雄株2号

(六)三角杨

1. 桑迪杨
2. 桑巨杨
3. 中红杨
4. 黄淮1号杨
5. 黄淮2号杨
6. 中豫2号杨
7. 普瑞杨
8. 黄淮3号杨

(七)欧美杨

1. 华龙杨
2. 南林95杨
3. 南林895杨
4. 欧美杨107号
5. 欧美杨108号
6. 中怀1号
7. 中怀2号
8. 南杨
9. 丹红杨
10. 欧美杨2012
11. 创新杨
12. 北杨
13. 中豫46杨
14. 中林46杨

(八)柳树

1. 豫新柳
2. 竹柳(美园竹柳)

(九)杞柳

丽白

(十)黑核桃

1. 中豫1号黑核桃
2. 中豫黑核桃Ⅱ号
3. 中宁珂黑核桃
4. 中宁山黑核桃

(十一)白榆

豫杂5号白榆

(十二)刺槐

1. 豫刺槐1号
2. 豫刺槐2号
3. 长叶刺槐
4. 箭杆刺槐
5. 豫引1号刺槐
6. 豫引2号刺槐
7. 豫刺9号刺槐
8. 豫刺槐3号刺槐
9. 豫刺槐4号刺槐
10. 大叶速生槐
11. 大叶刺槐

(十三)香椿

1. 豫林1号香椿
2. 紫叶香椿

(十四)臭椿

白皮千头椿

(十五)泡桐

1. 白四泡桐
2. 兰四泡桐
3. 毛四泡桐
4. 南四泡桐
5. 杂四泡桐

(十六)楸树

1. 豫楸1号
2. 豫楸2号
3. 金丝楸8606
4. 宛楸8401楸树
5. 宛楸8402楸树
6. 洛楸1号楸树
7. 洛楸2号楸树
8. 洛楸3号楸树
9. 洛楸4号楸树
10. 艺楸1号楸树
11. 艺楸2号楸树
12. 洛楸5号楸树
13. 洛楸6号楸树
14. 中林1号楸树
15. 中林2号楸树
16. 金楸1号楸树
17. 中滇63号滇楸
18. 中滇128号滇楸
19. 中林5号楸树
20. 金丝楸0432
21. 百日花楸树
22. 中林6号楸树
23. 云朵楸
24. 朝霞楸
25. 彩云楸

二、经济林树种

（一）银杏

1. 豫银杏1号（龙潭皇）
2. 邳县2号银杏
3. 郯城13号银杏
4. 郯城16号银杏
5. 宛银1号银杏
6. 宛银2号银杏

（二）核桃

1. 中豫长山核桃1号
2. 强特勒核桃
3. 哈特利核桃
4. 艾米哥核桃
5. 中核短枝核桃
6. 极早丰核桃
7. 香玲核桃
8. 薄丰核桃
9. 绿波核桃
10. 辽宁7号核桃
11. 清香核桃
12. 中宁奇核桃
13. 中宁强核桃
14. 宁林1号核桃
15. 中嵩1号核桃
16. 彼得罗核桃
17. 中核4号核桃
18. 豫丰核桃
19. 契口核桃
20. 豫香核桃
21. 中洛缘黑核桃
22. 中宁魁黑核桃
23. 中核香核桃
24. 宁林香核桃
25. 中林1号核桃
26. 中林3号核桃
27. 中林5号核桃
28. 辽宁1号核桃
29. 鲁光核桃
30. 西扶核桃
31. 元丰核桃
32. 西洛核桃
33. 新疆薄壳核桃
34. 鲁果3号核桃
35. 辽核4号核桃
36. 鲁香核桃
37. 温185
38. 新新2号
39. 中农短枝
40. 麒麟纹官帽
41. 山西薄棱官帽
42. 白王庄官帽
43. 大刺官帽
44. 王勇官帽
45. 四座楼狮子头
46. 苹果园狮子头
47. 盘龙纹狮子头
48. 藜城狮子头
49. 137狮子头
50. 麦穗虎头

（三）山核桃

中豫长山核桃Ⅱ号美国山核桃

（四）板栗

1. 豫板栗1号（豫罗红栗）
2. 豫板栗2号（豫栗王）
3. 豫板栗3号（确红栗）
4. 豫板栗4号（确山油栗）
5. 艾思油栗
6. 桐柏红油栗

7. 丹泽日本栗
8. 国见日本栗
9. 金华日本栗
10. 银寄日本栗
11. 筑波日本栗
12. 豫罗红(罗山油栗)
13. 大板栗
14. 光山2号板栗
15. 新县10号板栗
16. 豫栗王
17. 确红板栗
18. 七月红
19. 早丰1号板栗
20. 谷堆栗

(五)望春玉兰

1. 腋花望春玉兰
2. 桃实望春玉兰

(六)杜仲

1. 华仲6号杜仲
2. 华仲7号杜仲
3. 华仲8号杜仲
4. 华仲9号杜仲
5. 华仲1号杜仲
6. 华仲2号杜仲
7. 华仲3号杜仲
8. 华仲4号杜仲
9. 华仲5号杜仲
10. 大果1号杜仲
11. 华仲10号杜仲
12. 华仲11号杜仲
13. 华仲12号杜仲

(七)木瓜

1. 圆香木瓜
2. 长秀木瓜
3. 金苹果木瓜
4. 锤木瓜
5. 金宝亚特红香玉木瓜
6. 金宝亚特绿香玉木瓜
7. 金宝萝青101木瓜
8. 金宝萝青106木瓜

(八)梨

1. 七月酥梨
2. 美人酥梨
3. 满天红梨
4. 红酥脆梨
5. 金星梨
6. 中梨1号
7. 中华玉梨
8. 金顶谢花酥梨
9. 金珠沙梨
10. 中梨4号
11. 盘古香梨
12. 早酥香梨
13. 晚秀梨
14. 中梨2号梨
15. 红宝石梨
16. 华山梨
17. 圆黄梨
18. 爱宕梨
19. 奥冠红梨
20. 巴梨
21. 大泽山梨
22. 砀山酥梨
23. 丰水梨
24. 伏梨
25. 红星梨
26. 皇冠梨
27. 黄金梨
28 库尔勒香梨
29. 茄梨
30. 秋黄梨

31. 晚秋黄梨
32. 香红蜜梨
33. 新高梨
34. 新西兰红梨
35. 幸水梨
36. 雪花梨
37. 早红考蜜思梨
38. 早酥梨
39. 秋月
40. 红早酥
41. 红香酥
42. 晚霞
43. 金香梨

(九)苹果

1. 短枝华冠苹果
2. 灵宝短富1号苹果
3. 早红苹果
4. 华美苹果
5. 华玉苹果
6. 华硕苹果
7. 锦秀红苹果
8. 富嘎苹果
9. 华丹苹果
10. 富华苹果
11. 华瑞苹果
12. 华佳苹果
13. 富士苹果
14. 玉华早富苹果
15. 润可富士苹果
16. 烟富系列苹果
17. 灵宝短富苹果
18. 富士将军苹果
19. 弘前富士苹果
20. 皇家嘎啦
21. 帝国嘎啦
22. 丽嘎啦
23. 红盖露苹果
24. 秦冠苹果
25. 新红星苹果
26. 华冠苹果
27. 金冠苹果
28. 乔纳金苹果
29. 藤牧1号苹果
30. 美国八号苹果
31. 蜜脆苹果
32. 红将军苹果
33. 首红苹果
34. 粉红女士苹果
35. 金帅苹果
36. 鲁加5号苹果
37. 天富1号苹果
38. 红露苹果
39. 瑞阳苹果
40. 瑞雪苹果
41. 润太一号苹果
42. 玖月奇迹苹果
43. 澳洲青苹
44. 秦阳苹果

(十)树莓

1. 香妃树莓
2. 红宝树莓
3. 莎妮树莓
4. 凯欧树莓
5. 海尔特滋树莓

(十一)皂荚

1. 密刺皂荚
2. 硕刺皂荚
3. 嵩刺1号皂荚
4. 嵩刺2号皂荚
5. 嵩刺3号皂荚

(十二)桃

1. 豫桃1号(红雪桃)
2. 信阳五月鲜桃
3. 黄水蜜桃
4. 双喜红桃
5. 玫瑰红桃
6. 春蜜桃
7. 春美桃
8. 玉西红蜜桃
9. 双红艳桃
10. 寿红桃
11. 秋蜜红桃
12. 河洛红蜜桃
13. 秋硕桃
14. 兴农红桃
15. 秋甜桃
16. 中桃21号
17. 中蟠桃10号
18. 中蟠桃11号
19. 西王母桃
20. 中桃4号桃
21. 中桃红玉桃
22. 玉美人桃
23. 朱砂红1号桃
24. 朱砂红2号桃
25. 中桃砧1号桃
26. 黄金蜜桃3号桃
27. 中桃5号桃
28. 中桃22号桃
29. 中桃紫玉桃
30. 洛桃1号桃
31. 黄中皇桃
32. 霞晖1号桃
33. 砂子早生桃
34. 白凤桃
35. 燕红桃
36. 春红桃
37. 石头桃
38. 豫白桃
39. 豫甜桃
40. 金凤桃
41. 五月金桃
42. 郑黄3号桃
43. 郑黄4号桃
44. 华光桃
45. 千年红桃
46. 曙光桃
47. 秀玉桃
48. 艳光桃
49. 豫农二号桃
50. 红雪桃
51. 豫花桃
52. 赤月桃
53. 京春桃
54. 瑞蟠4号桃
55. 农神蟠桃
56. 早露蟠桃
57. 早黄蟠桃
58. 麦黄蟠桃
59. 蟠桃皇后
60. 大久保桃
61. 春蕾桃
62. 早花露桃
63. 松森桃
64. 日本大沙红桃
65. 沙红桃
66. 庆丰桃
67. 春花桃
68. 中华红蜜桃
69. 中华寿桃(风雪桃)
70. 艳红桃
71. 雨花露桃
72. 安农水蜜桃
73. 莱山蜜桃
74. 早红宝石桃

75. 大红桃
76. 早红珠桃
77. 丹墨桃
78. 早霞露桃
79. 重阳红桃
80. 京玉桃
81. 燕红桃
82. 新川中岛桃
83. 北农早艳桃
84. 早凤王桃
85. 仓方早生桃
86. 沙红桃
87. 中秋王桃
88. 映霜红桃
89. 青州蜜桃
90. 丰白桃
91. 桃(丰白的早熟芽变品种)
92. 早艳桃
93. 鄗玉蜜桃
94. 豫白桃
95. 锦绣黄桃
96. 红凤凰桃
97. 金童5号桃
98. 朱砂红桃
99. 五月火桃
100. 早红宝石桃
101. 千年红桃
102. 赤月桃
103. 青研1号桃
104. 映霞红桃
105. 雪里红桃
106. 美红9号桃
107. 极早美脆桃
108. 早超红桃
109. 夏之梦桃
110. 以色列桃
111. 新选5号桃
112. 五月鲜桃
113. 九九桃王
114. 春晓桃
115. 秀春桃
116. 美国大扁桃
117. 望春桃
118. 春光桃
119. 白云仙桃
120. 金秋红蜜桃
121. 春雪
122. 早香红
123. 豫红桃
124. 大麦香桃
125. 永莲蜜桃
126. 中桃9号
127. 黄金蜜桃1号
128. 黄金蜜桃2号
129. 黄金蜜桃4号
130. 黄金蜜桃5号
131. 中油桃16号
132. 黄桃83号
133. 豫甜桃
134. 红不软

(十三)油桃

1. 中油桃4号
2. 中油桃5号
3. 千年红油桃
4. 中油桃10号
5. 中油桃11号
6. 中农金辉油桃
7. 中油桃8号油桃
8. 中农金硕油桃
9. 中油桃12号
10. 中油桃14号
11. 中油桃9号
12. 中油桃13号
13. 双喜红油桃

（十四）杏

1. 仰韶黄杏
2. 贵妃杏
3. 早红蜜杏
4. 中仁1号杏
5. 内选1号杏
6. 早金艳杏
7. 濮杏1号
8. 玫香杏
9. 济源白蜜杏
10. 大红杏
11. 金太阳杏
12. 凯特杏
13. 密香杏
14. 仰韶杏
15. 香白杏
16. 甘玉杏
17. 丰仁杏
18. 超仁杏
19. 国仁杏
20. 优一杏
21. 龙王帽杏
22. 二红杏
23. 沿枝条杏
24. 麦黄杏
25. 水白杏
26. 南乐白杏
27. 麦黄八达杏
28. 南乐红杏
29. 豫早冠杏
30. 早金蜜杏

（十五）李

1. 金吉李
2. 黄甘李1号
3. 安哥雷洛李
4. 澳大利亚14号李
5. 澳大利亚3号李
6. 澳得罗达李
7. 大玫瑰李
8. 大石早生李
9. 黑宝石李
10. 黑琥珀李
11. 红美丽李
12. 红肉李
13. 黄甘李
14. 凯尔斯李
15. 拉罗达李
16. 李王
17. 龙园秋李
18. 玫瑰皇后李
19. 美国大李
20. 美丽李（盖县大李）
21. 蜜思李
22. 莫尔特尼李
23. 平顶香李
24. 日本大李
25. 圣玫瑰李
26. 绥棱红（北方1号）李
27. 太阳李
28. 威克森李
29. 先锋李
30. 意大利10号李
31. 意大利8号李
32. 早美丽李
33. 早生月光李
34. 长李15号

（十六）杏李 （经济性状极差，在河南保存应该不多了）

1. 风味玫瑰杏李
2. 味帝杏李
3. 味馨杏李
4. 恐龙蛋杏李
5. 味厚杏李
6. 味王杏李

7. 金抗杏李

（十七）樱桃

1. 吉塞拉8号樱桃砧木
2. 春晓樱桃
3. 红宝樱桃
4. 万寿红樱桃
5. 红樱樱桃
6. 红锦樱桃
7. 春绣樱桃
8. 春艳樱桃
9. 赛维樱桃
10. 红宝樱桃
11. 友谊樱桃
12. 早大果樱桃
13. 红灯樱桃
14. 美早樱桃
15. 艳阳樱桃
16. 萨米脱樱桃
17. 雷尼樱桃
18. 早红宝石樱桃
19. 先锋樱桃
20. 大紫樱桃
21. 佐藤锦樱桃
22. 意大利早红（莫莉、莫勒乌）樱桃
23. 布鲁克斯樱桃
24. 岱红樱桃
25. 黑珍珠樱桃
26. 红艳樱桃
27. 滨库樱桃
28. 龙冠樱桃
29. 山东大樱桃

（十八）花椒

1. 大红袍花椒
2. 林州红花椒
3. 大红袍（大红椒、狮子头、疙瘩椒、六月椒、麦椒、伏椒）花椒
4. 大红椒（油椒、二红袍、二性子）花椒
5. 小红袍（小椒子、米椒、马尾椒、枸椒）花椒
6. 白沙椒（白里椒、白沙旦）花椒
7. 豆椒（白椒、秋椒、八月椒）花椒
8. 秦安1号（大狮子头）花椒
9. 香椒子（川椒）花椒

（十九）文冠果

1. 中豫1号文冠果
2. 中豫2号文冠果

（二十）枣

1. 新郑灰枣
2. 新郑红枣1号
3. 新郑红枣2号（灰枣）
4. 新郑红枣6号（鸡心枣）
5. 灵宝大枣
6. 豫枣1号（无刺鸡心枣）
7. 豫枣2号（淇县无核枣）
8. 广洋大枣
9. 扁核酸枣
10. 新郑早红枣
11. 中牟脆丰枣
12. 蜂蜜罐枣
13. 灰枣新1号枣
14. 尖脆枣
15. 曙光枣
16. 月光枣
17. 新郑红11号枣
18. 新郑红8号枣
19. 灰枣（若羌枣）
20. 鸡心枣（小枣）
21. 冬枣（庙上福、雁来红、苹果枣）
22. 扁核酸（酸铃、铃枣、婆枣、串干、鞭干）枣

23. 无核枣(空心枣)

24. 灵宝大枣(灵宝圆枣、豚豚枣、疙瘩枣)

25. 长红枣

26. 广洋枣(广洋圆铃)

27. 桐柏大枣

28. 九月青(十月青、冬枣、长红)枣

29. 核桃纹枣

(二十一)葡萄

1. 郑州早玉葡萄
2. 郑佳葡萄(郑果大无核)
3. 超宝葡萄
4. 抗砧3号葡萄
5. 抗砧5号葡萄
6. 夏至红葡萄
7. 郑艳无核葡萄
8. 郑美葡萄
9. 贵园葡萄
10. 洛浦早生葡萄
11. 峰早葡萄
12. 庆丰葡萄
13. 阳光玫瑰葡萄
14. 朝霞无核葡萄
15. 郑寒1号葡萄
16. 郑葡1号葡萄
17. 郑葡2号葡萄
18. 红美葡萄
19. 神州红葡萄
20. 水晶红葡萄
21. 金手指葡萄
22. 夏黑葡萄
23. 黑巴拉多葡萄
24. 巨峰葡萄
25. 红地球葡萄
26. 巨玫瑰葡萄
27. 户太八号葡萄
28. 摩尔多瓦葡萄
29. 红宝石无核葡萄
30. 粉红亚都蜜葡萄
31. 维多利亚葡萄
32. 香悦葡萄
33. 里扎马特葡萄
34. 黑色甜菜葡萄
35. 红巴拉多葡萄
36. 可瑞森无核葡萄
37. 碧香无核葡萄
38. 寒香蜜葡萄
39. 美人指葡萄
40. 京亚葡萄
41. 藤稔葡萄
42. 醉金香葡萄
43. 赤霞珠葡萄
44. 红富士
45. 温克
46. 桃太郎
47. 乒乓球
48. 甬优葡萄
49. 蜜莉葡萄
50. 魏可葡萄
51. 早夏无核葡萄
52. 夏日阳光
53. 紫甜无核 a17
54. 弗雷无核
55. 早霞玫瑰
56. 无核白葡萄(无籽露)

(二十二)猕猴桃

1. 豫猕猴桃1号(华美1号)
2. 豫猕猴桃2号(华美2号)
3. 中猕1号
4. 蜜宝1号猕猴桃
5. 豫猕猴桃3号(华光2号)
6. 天源红猕猴桃
7. 宝石红猕猴桃
8. 蜜宝2号美味猕猴桃

9. 中猕 2 号
10. 磨山 4 号猕猴桃
11. 红阳猕猴桃(红心奇异果、红心猕猴桃)
12. 华光 5 号
13. 华光 8 号
14. 华光 15 号
15. 红香
16. 皖翠
17. 秦香
18. 米良 1 号
19. 红美
20. 红阳
21. 长安 1 号
22. 金魁
23. 日本国立 10 号
24. 艾博特
25. 北京 215
26. 爱默伍德
27. 金农 1 号
28. 金农 2 号
29. 格林赛
30. 短毛海华德
31. 金丰
32. 金阳 1 号
33. 通山 1 号
34. 海华德 2 ~3 号
35. 3 ~7 号
36. 4 ~8 号
37. 贵丰
38. 贵密
39. 贵长
40. 徐州 75-2 号
41. 徐香
42. 武宁魁
43. 华优
44. 格华斯
45. 徐香猕猴桃

(二十三)山桐子

豫济山桐子

(二十四)茶

1. 信阳旱茶
2. 福鼎大白茶

(二十五)省沽油

1. “豫选 1 号”省沽油
2. “豫选 2 号”省沽油
3. “豫选 3 号”省沽油

(二十六)石榴

1. 突尼斯软籽石榴
2. 豫石榴 4 号
3. 豫石榴 5 号
4. 冬艳石榴
5. 绿丰石榴
6. 落花红甜石榴
7. 大钢麻子石榴
8. 胭脂红石榴
9. 大红甜石榴
10. 薄皮石榴
11. 大红袍石榴
12. 架川红石榴
13. 范村软籽石榴
14. 鲁庄黄石榴
15. 马牙黄石榴
16. 站街黄石榴
17. 铜皮石榴
18. 铁皮石榴
19. 河阴软籽石榴
20. 大白甜石榴
21. 杨里白石榴
22. 青皮石榴

23. 小红果酸石榴
24. 大红酸石榴
25. 大果青皮酸石榴
26. 小果青皮酸石榴
27. 南召酸石榴
28. 三白酸石榴
29. 黄皮酸石榴
30. 红花重瓣石榴
31. 白花重瓣石榴
32. 花边石榴
33. 粉红花重瓣石榴
34. 月季石榴
35. 紫果石榴
36. 泰山红石榴
37. 牡丹花石榴
38. 豫大籽石榴
39. 以色列软籽石榴
40. 红如意石榴
41. 红双喜石榴
42. 公斤石榴
43. 临选 14 号石榴
44. 三白甜石榴
45. 御石榴
46. 新疆大籽石榴
47. 天红蛋石榴
48. 临选 1 号石榴
49. 红水晶石榴

（二十七）山茱萸

1. 八月红山茱萸
2. 笑然 1 号山茱萸
3. 伏牛红宝山茱萸
4. 伏牛红硕山茱萸
5. 伏牛红丹山茱萸

（二十八）柿

1. 十月红柿
2. 灰子柿
3. 牛心柿
4. 中农红灯笼柿
5. 博爱八月黄柿
6. 黄金方柿
7. 七月燥柿
8. 胡栾头柿
9. 面柿
10. 皮匠篓柿
11. 小红柿
12. 无核 1 号豆柿
13. 无核 2 号豆柿
14. 胭脂红柿
15. 鬼脸青柿
16. 羊奶柿
17. 四瓣柿
18. 线坠柿
19. 中柿 1 号柿
20. 早甘红柿
21. 黑柿 1 号柿
22. 中柿 2 号柿
23. 八瓣红柿
24. 八月燥柿
25. 出头烘柿
26. 大萼子柿
27. 大蒸馍柿
28. 冻柿
29. 盖柿
30. 鸡心柿
31. 斤柿
32. 镜面柿
33. 九月青柿
34. 驴马柿
35. 绵柿
36. 面包柿
37. 面蛋柿
38. 磨盘柿

39. 绕天红柿
40. 署黄柿
41. 树杈红柿
42. 树梢红柿
43. 水柿
44. 五瓣柿
45. 小萼子柿
46. 小方柿
47. 小火罐柿
48. 小柿
49. 血柿
50. 雁过红柿
51. 禅寺丸柿
52. 次郎柿
53. 富有柿
54. 前川次郎柿
55. 西村早生柿
56. 新秋柿
57. 兴津 20 柿
58. 阳丰柿
59. 罗田甜柿
60. 平底牛心
61. 水花牛心
62. 新安牛心柿
63. 肉布袋
64. 八胡
65. 面疙瘩
66. 天生柿
67. 尖顶柿
68. 铁疙瘩
69. 石榴嘴柿
70. 摘家烘柿
71. 矫顶柿
72. 涩疙瘩
73. 尖底
74. 铁匠炉

(二十九)栀子

唐河 1 号栀子

(三十)金银花

金丰 1 号金银花

(三十一)构树

1. 红皮构树
2. 花皮构树
3. 长纤构树
4. 饲料构树

(三十二)无花果

1. 波姬红(A132)无花果
2. 布兰瑞克无花果
3. 美利亚(A134)无花果
4. 金傲芬(A212)无花果
5. 中农矮生(B1011)无花果
6. 中农寒优(A1213)无花果
7. 日本紫果(法国紫果)无花果
8. 中农红(B110)无花果
9. 青皮(威海、上海青皮)无花果
10. 玛斯义陶芬(紫陶芬)无花果
11. 福建白蜜双果(长江七号)无花果
12. 中国紫果(红矮生)无花果
13. 丰产黄(卡独太)无花果
14. 早黄(新疆早黄、黄蟠)无花果
15. 加州黑无花果
16. 蓬莱柿无花果
17. 绿抗一号无花果
18. 砂糖(西莱斯特)无花果
19. 华丽无花果
20. 白马赛(布朗什、ALMA)无花果
21. 棕色土耳其无花果
22. 沙漠王(大鸭梨青皮)无花果
23. 卡利亚那(A38)无花果
24. 白圣比罗无花果

25. A813 无花果

26. C47 无花果

（三十三）山楂

1. 林县山楂（北楂）
2. 辉县山楂
3. 豫北红山楂
4. 雾灵紫肉山楂
5. 雾灵红山楂
6. 西丰红山楂
7. 燕瓤红（红肉山楂、红口山楂）
8. 滦红山楂
9. 紫玉山楂
10. 敞口（大红石榴、大敞口、青口、黑头）山楂
11. 大金星山楂
12. 红瓤绵山楂
13. 白瓤绵山楂
14. 槎红子（歪把红）山楂
15. 小糖球山楂
16. 昌黎紫肉山楂
17. 朝新红山楂
18. 大红子山楂
19. 大红袍山楂
20. 大货山楂
21. 丹峰山楂
22. 寒露红山楂
23. 红口山楂
24. 红面楂
25. 闾山粉肉山楂
26. 金星山楂
27. 九山红山楂
28. 金星锦山楂
29. 面红山楂
30. 面楂
31. 磨盘山楂
32. 栖霞朱砂山楂
33. 大黄面楂
34. 万龙山楂
35. 宿迁铁楂
36. 大锦球山楂
37. 短枝金星山楂
38. 甜红山楂
39. 辐早甜山楂
40. 溪红山楂
41. 辽红山楂
42. 泽州红山楂
43. 绛山红山楂
44. 安泽大山楂
45. 吉县山楂
46. 临汾山楂
47. 晋城粉红山楂
48. 绛县红果山楂
49. 辽锦山楂
50. 朱砂红山楂
51. 双红山楂
52. 伏里红山楂
53. 大白山楂
54. 大山楂
55. 鸡油山楂
56. 大翅山楂
57. 四方山楂
58. 大扁红山楂
59. 辐泉红山楂
60. 蒙山红山楂
61. 中田大山楂
62. 沂蒙红山楂
63. 天宝红（大歪把）山楂
64. 伏早红山楂
65. 大红子山楂（子母出）
66. 长把红山楂
67. 辐毛红山楂
68. 毛红子山楂
69. 超金山楂
70. 艳果红山楂
71. 马刚红山楂
72. 兴隆紫肉山楂

73. 大旺山楂
74. 红瓤绵山楂
75. 大五楞山楂
76. 甜香玉山楂
77. 抚红软籽山楂
78. 清香红山楂
79. 甜红子山楂
80. 面红子山楂
81. 大黄红子山楂
82. 五棱红山楂

（三十四）桑

1. 湖桑 32 号(荷叶白)
2. 湖桑 197 号
3. 湖桑 199 号
4. 广东桑
5. 鲁桑
6. 花桑
7. 强桑 1 号
8. 丰田 2 号桑
9. 丰田 5 号桑
10. 农桑 12 号
11. 农桑 14 号
12. 育 711 桑
13. 蚕专 4 号桑
14. 大红皮桑
15. 桑特优 1 号
16. 桑特优 3 号
17. 鲁诱 1 号桑
18. 桑树新品种 7946
19. 白桑
20. 长穗桑
21. 长果桑
22. 德钦桑
23. 广东桑
24. 鸡桑
25. 山桑
26. 川桑
27. 瑞穗桑
28. 滇桑
29. 蒙桑
30. 鬼桑
31. 光叶桑
32. 红果 1 号桑
33. 小白桑
34. 红果 2 号桑
35. 大黑桑
36. 红果 3 号桑
37. 陕桑 761
38. 陕桑 408
39. 红果 4 号桑
40. 白玉王桑
41. 东光大白桑
42. 无籽大 10 桑
43. 蜀椹 1 号桑
44. 蜀椹 2 号桑
45. 川桑 83 –6
46. 芙椹 1 号桑
47. 江椹 5 号桑
48. 江椹 7 号桑
49. 江椹 8 号桑
50. 江椹 10 号桑
51. 江椹 20 号桑
52. 江椹 27 号桑
53. 江椹 31 号桑
54. 江椹 33 号桑
55. 天全 16 号桑
56. 剑阁 18 号桑
57. 台湾果桑 72C002
58. 台湾果桑 46C019
59. 嘉陵 30 号桑
60. 粤椹大 10 桑
61. 珍珠白桑

三、园林绿化树种

(一)柏木

蓝冰柏

(二)三角杨

全红杨

(三)构树

1. 金蝴蝶构树
2. 金凤构树

(四)牡丹

1. 八千代椿牡丹
2. 岛锦牡丹
3. 海黄牡丹
4. 日暮牡丹
5. 太阳牡丹
6. 锦的艳牡丹
7. 洛紫1号牡丹
8. 洛凤1号牡丹
9. 古都瑞雪牡丹
10. 吉星高照牡丹
11. 花好月圆牡丹
12. 争艳牡丹
13. 艳后牡丹
14. 紫岚牡丹
15. 梦境牡丹
16. 金光牡丹
17. 光彩牡丹
18. 粉扇牡丹
19. 粉娥献媚牡丹
20. 荷红探春牡丹
21. 礼花红牡丹
22. 墨莲牡丹
23. 桃花恋春牡丹
24. 烟云紫牡丹
25. 玉蝶群舞牡丹
26. 雪海纳金牡丹
27. 卵叶牡丹
28. 凤丹
29. 四川牡丹
30. 黄牡丹
31. 大花黄牡丹
32. 紫牡丹
33. 狭叶牡丹
34. 香妃
35. 山川霞光
36. 绢娃娃
37. 彩云飞
38. 彩虹
39. 金鳞霞冠
40. 华夏红
41. 大瓣紫
42. 金袍赤胆
43. 银袍赤胆
44. 金波
45. 华夏玫红
46. 娇丽
47. 华夏粉带
48. 华夏红狮
49. 玛瑙镶玉
50. 暖玉冰心
51. 彩盘献瑞
52. 紫阁奇缘
53. 紫霞映珠
54. 墨浪
55. 紫玉碎雪
56. 铁观音
57. 华夏粉狮
58. 紫玉

59. 冰玉
60. 胭脂妃
61. 柳叶胭脂
62. 粉绫素裹
63. 紫绫浮荷
64. 绿影
65. 华夏彩绘
66. 墨碟
67. 出水芙蓉
68. 小香妃
69. 山川飘香
70. 杏花香
71. 金龙探海
72. 紫缘荷
73. 金龙环日
74. 蝶舞
75. 荟萃
76. 焦香
77. 大彩蝶
78. 嫦娥
79. 笑颜
80. 金衣飞舞
81. 金衣漫舞
82. 黄绫艳
83. 春潮
84. 荷塘月色
85. 桃花女
86. 黄色王冠
87. 连鹤
88. 海黄
89. 爱斯莱斯
90. 日月锦

(五)玉兰

1. 紫霞玉兰
2. 红玉兰

(六)望春玉兰

1. 宛丰望春玉兰
2. 粉荷星花玉兰

(七)含笑

白玉含笑

(八)杜仲

1. 红叶杜仲
2. 密叶杜仲

(九)银木

粉背银木

(十)溲疏

雪球小溲疏

(十一)悬铃木

1. 少球 1 号悬铃木
2. 少球 2 号悬铃木
3. 少球 3 号悬铃木

(十二)月季

1. 东方之子月季
2. 粉扇月季
3. 锦上添花月季
4. 黄蝴蝶
5. 布达议员
6. 绿野
7. 万花筒
8. 节日礼花
9. 金奖章
10. 太阳火焰
11. 蓝丝带
12. 艳丽

13. 艳粉
14. 红牡丹
15. 萨曼莎
16. 欢笑
17. 红梅朗
18. 月季夫人
19. 电子表
20. 阿班斯
21. 霍尔恩
22. 亚历克红
23. 黑旋风
24. 兰河
25. 红从容
26. 绯扇
27. 唐红
28. 我的选择
29. 白色
30. 花车
31. 婚礼白
32. 德国金星
33. 天堂
34. 情侣约会
35. 藤彩虹
36. 热带风暴
37. 黑美人
38. 金凤凰
39. 卡托尔纸牌
40. 桃树蓝天
41. 紫色时代
42. 自由黄金
43. 莎莎新生的冰川
44. 安吉拉
45. 百老汇
46. 红帽
47. 杰乔伊
48. 黑珍珠
49. 梅朗口红
50. 兰花
51. 红双喜
52. 大奖章
53. 红王
54. 加里娃达
55. 香欢喜
56. 金徽章
57. 燕妮
58. 白花
59. 黑魔术
60. 卡罗拉
61. 和平之光
62. 杏黄天
63. 哈特夫君
64. 皇家巴西诺
65. 紫微星
66. 草裙舞女
67. 橙柯斯特
68. 和谐
69. 小女孩
70. 皆大欢喜
71. 阿尔推斯5号
72. 黑玫瑰
73. 澳州黄金
74. 彩云
75. 希望
76. 一见钟情
77. 爱
78. 仙景
79. 金太阳
80. 蓝宝石
81. 新一号
82. 红柯斯特
83. 红宝石
84. 胡夫总统

(十三)蔷薇

无刺蔷薇

（十四）桃

1. 探春桃
2. 红菊花桃
3. 报春桃
4. 元春桃
5. 洒红龙柱桃
6. 红伞寿星桃
7. 嫣红菊花桃
8. 银春桃
9. 画春寿星桃
10. 嫣红早花桃
11. 迎春桃
12. 满天红桃

（十五）樱花

红叶樱花

（十六）合欢

朱羽合欢

（十七）北美海棠

1. 绚丽
2. 红宝石

3 王族海棠

（十八）刺槐

1. 二度红花刺槐
2. 黄金刺槐

（十九）皂荚

1. 无刺皂荚
2. 金叶皂荚

（二十）紫荆

1. 樱桐巨紫荆
2. 重阳紫荆
3. 紫叶加拿大紫荆
4. 花都瑞雪紫荆
5. 金帆加拿大紫荆
6. 晚霞加拿大紫荆

（二十一）黄栌

紫叶黄栌

（二十二）杜鹃

1. 桃粉杜鹃
2. 国红杜鹃

（二十三）连翘

1. 金脉连翘
2. 金叶连翘

（二十四）桂花

潢川金桂

（二十五）紫薇

红云紫薇

（二十六）接骨木

1. 花叶接骨木
2. 金叶接骨木
3. 金羽接骨木
4. 紫云接骨木

（二十七）锦熟黄杨

金叶黄杨

（二十八）黄杨

1. 彩叶北海道黄杨　　2. 金冠黄杨（金镶玉黄杨）

（二十九）复叶槭

1. 中豫青竹复叶槭　　2. 花叶复叶槭

3. 金叶复叶槭　　4. 秋焰红花槭

（三十）挪威槭

1. 红国王挪威槭　　2. 挪威槭夏雪

（三十一）红枫

1. 日本红枫系列（红舞姬、三季红红枫等）

2. 金陵黄枫

3. 欧洲红枫

4. 加拿大红枫

（三十二）银白槭

银槭

（三十三）女贞

1. 平抗1号金叶女贞　　2. 花带女贞

3. 辉煌女贞　　4. 金森女贞

（三十四）忍冬

金脉忍冬

（三十五）梓树

金叶梓树

（三十六）白蜡

金叶白蜡

（三十七）白榆

1. 金叶垂榆　　2. 花叶榆

3. 黄龙大叶榆

（三十八）梅

香梅

（三十九）垂柳

金丝垂柳

（四十）国槐

1. 双季米槐　　2. 金叶垂槐

河南省国家重点保护野生植物(木本)名录

摘自《国家重点保护野生植物名录》(国务院 1999 年颁布)

一、裸子植物 Gymnospermae

(一)**银杏科** Ginkgoaceae

银杏 *Ginkgo biloba* Ⅰ级

(二)**松科** Pinaceae

秦岭冷杉 *Abies chensiensis* Ⅱ级

大果青扦 *Picea neoveitchii* Ⅱ级

大别山五针松 *Pinus fenzeliana* var. *dabeshanensis* Ⅱ级

金钱松 *Pseudolarix amabilis* Ⅱ级

(三)**红豆杉科** Taxaceae

红豆杉属(所有种) *Taxus spp*. Ⅰ级

榧树属(所有种) *Torreya spp*. Ⅱ级

(四)**杉科** Taxodiaceae

水杉 *Metasequoia glyptostroboides* Ⅰ级

台湾杉(秃杉) *Taiwania cryptomerioides* Ⅱ级

二、被子植物 Angiospermae

(一)**连香树科** Cercidipyllaeeae

连香树 *Cercidiphyllum japonicum* Ⅱ级

(二)**胡颓子科** Elaeagnaceae

翅果油树 *Elaeagnus mollis* Ⅱ级

(三)**樟科** Lauraceae

樟树(香樟) *Cinnamomum camphora* Ⅱ级

润楠 *Machilus nanmu* Ⅱ级

闽楠 *Phoebe bournei* Ⅱ级

楠木 *Phoebe zhennan* Ⅱ级

(四)**豆科** Leguminosae

花榈木(花梨木) *Ormosia henryi* Ⅱ级

红豆树 *Ormosia hosiei* Ⅱ级

(五)**木兰科** Magnoliaceae

厚朴 *Magnolia officinalis* Ⅱ级

凹叶厚朴 *Magnolia officinalis subsp. biloba* Ⅱ级

水青树 *Tetracentron sinense* Ⅱ级

（六）**楝科** MeUaceae

红椿 *Toona ciliata* Ⅱ级

（七）**蓝果树科** Nyssaceae

喜树（旱莲木）*Camptotheca acuminaya* Ⅱ级

珙桐 *Davidia involucrata* Ⅰ级

（八）**木犀科** Oleaceae

水曲柳 *Fraxinus mandshurica* Ⅱ级

（九）**茜草科** Rubiaceae

香果树 *Emmenopterys henryi* Ⅱ级

（十）**芸香科** Rutaceae

黄檗（黄波罗）*Phellodendron amurense* Ⅱ级

（十一）**安息香科** Styracaceae

秤锤树 *Sinojackia xylocarpa* Ⅱ级

（十二）**榆科** Ulmaceae

榉树 *Zelkova schneideriana* Ⅱ级

河南省国家珍稀濒危保护植物(木本)名录

(1984 年国家环保局颁布)

一、裸子植物 Gymnospermae

(一)银杏科 Ginkgoaceae

银杏 *Ginkgo biloba* Ⅱ级

(二)松科 Pinaceae

秦岭冷杉 *Abies chensiensis* Ⅲ级

麦吊云杉 *Picea brachytyla* Ⅲ级

大果青扦 *Picea neoreitchii* Ⅱ级

大别山五针松 *Pinus dabeshanensis* Ⅱ级

金钱松 *Pseudolarix kaempferi* Ⅱ级

(三)杉科 Taxodiaceae

水松 *Glyptostrobus pensilis* Ⅱ级

水杉 *Metasequoia glyptostroboides* Ⅰ级

台湾杉 *Taiwania cryptomerioides* Ⅱ级

二、被子植物 Angiospermae

(一)槭树科 Aceraceae

庙台槭 *Acer miaotaiense* Ⅲ级

金钱槭 *Dipteronia sinensis* Ⅲ级

(二)五加科 Araliaceae

刺五加 *Acanthopanax senticosus* Ⅲ级

(三)桦木科 Betulaceae

华榛 *Corylus chinensis* Ⅲ级

(四)忍冬科 Caprifoliaceae

蝟实 *Kolkwitxia amabilis* Ⅲ级

(五)连香树科 Cercidiphyllaceae

连香树 *Cercidiphyllum japonicum* Ⅱ级

(六)胡颓子科 Elaeagnaceae

翅果油树 *Elaeagnus mollis* Ⅱ级

(七)杜仲科 Eucommiaceae

杜仲 *Eucommia ulmoides* Ⅱ级

(八)金缕梅科 Hamamelidaceae

山白树 *Sinowilsonia henryi* Ⅱ级

(九)七叶树科 Hippocastanaceae

云南七叶树 *Aesculus wangii* Ⅲ 级

(十)胡桃科 Juglandaceae

核桃楸 *Juglans mandshurica* Ⅲ级

核桃 *Juglans regia* Ⅱ级

(十一)樟科 Lauraceae

天竺桂 *Cinnamomum japonicum* Ⅲ级

沉水樟 *Cinnamomum micranthum* Ⅲ级

天目木姜子 *Litsea auriculata* Ⅲ级

闽楠 *Phoebe bournei* Ⅲ级

浙江楠 *Phoebe bournei* Ⅲ级

楠木 *Phoebe zhennan* Ⅲ级

(十二)豆科 Leguminosae

红豆树 *Ormosia hosiei* Ⅲ级

(十三)木兰科 Magnoliaceae

鹅掌楸 *Liriodendron chinense* Ⅱ级

黄山木兰 *Magnolia cylindrical* Ⅲ级

厚朴 *Magnolia officinalis* Ⅲ级

凹叶厚朴 *Magnolia officinalis subsp. biloba* Ⅲ级

水青树 *Tetracentron sinensis* Ⅱ级

(十四)楝科 Meliaceae

红椿 *Toona ciliate* Ⅲ级

(十五)木犀科 Oleaceae

水曲柳 *Frarinus mandshurica* Ⅲ级

(十六)毛茛科 Ranunculaceae

紫斑牡丹 *Paeonia suffruticosa* var. *papaveracea* Ⅲ级

矮牡丹 *Paeonia suffruticosa* var. *spontanea* Ⅲ级

(十七)蔷薇科 Posaceae

玫瑰 *Rosa rugosa* Ⅲ级

(十八)茜草科 Rubiaceae

香果树 *Emmenopterys henryi* Ⅱ级

(十九)芸香科 Rutaceae

黄檗 *Phellodendron amurense* Ⅲ级

(二十)省沽油科 Staphyleaceae

银鹊树 *Tapiscia sinensis* Ⅲ级

（二十一）**安息香科** Styracaceae

秤锤树 *Sinojackia xylocarpa* Ⅱ级

（二十二）**山茶科** Theaceae

紫茎 *Stewartia sinensis* Ⅱ级

（二十三）**昆栏树科** Trochodendraceae

领春木 *Euptelea pleiospermum* Ⅲ级

（二十四）**榆科** Ulmaceae

青檀 *Pteroceltis tatarinowii* Ⅲ级

（二十五）**蓝果树科** Nyssaceae

珙桐 *Davidia involucrate* Ⅰ级

河南省重点保护植物(木本)名录

(2005 年公布)

一、裸子植物 Gymnospermae

(一)松科 Pinaceae

巴山冷杉 *Abies fargesii* Franch.

铁杉 *Tsuga chinensis* Pritz.

白皮松 *Pinus bungeana* Zucc.

(二)柏科 Cupressaceae

高山柏 *Sabina squamata* Ant.

(三)粗榧科 Cephalotaxaceae

三尖杉 *Cephalotaxus fortunei* Hook. f.

中国粗榧 *Cephalotaxus sinensis* Li

二、被子植物 Angiospermae

(一)桦木科 Betulaceae

河南鹅耳枥 *Carpinus funiushanensis* P. C. Kuo

铁木 *Ostrya japonica* Sarg.

华榛 *Corylus chinensis* Franch.

(二)壳斗科 Fagaceae

米心水青冈 *Fagus enleriana* Seem.

石栎 *Lithocarpus glaber* Nakai

(三)胡桃科 Juglandaceae

胡桃楸 *Juglans mandshurica* Maxim.

青钱柳 *Cyclocarya paliurus* Iljinsk.

(四)榆科 Ulmaceae

大果榉 *Zelkova sinica* Schneid.

青檀 *Pteroceltis tatarinowii* Maxim.

太行榆 *Ulmus taihangshanensis* S. Y. Wang

(五)昆栏树科 Trochodendraceae

领春木 *Euptelea pleiospermum* Hook. f. et Thoms.

(六)毛茛科 Ranunculaceae

紫斑牡丹 *Paeonia papaveracea* Andr.

杨山牡丹 *Paeonia ostii* T. Hong et J. X. Zhang

矮牡丹 *Paeonia jishanensis* T. Hong et W. Z. Zhao

(七)木兰科 Magnoliacea

黄山木兰 *Magnolia cylindrical* Wils

望春花 *Magnolia biondii* Pamp.

朱砂玉兰 *Magnolia diva* Stapf.

野八角 *Illicium lanceolatum* A. C. Smith.

黄心夜合 *Michelia bodinieri* Finet et Gagnep.

(八)樟科 Lauraceae

猴樟 *Cinnamomum bodinieri* Levl.

川桂 *Cinnamomum wilsonii* Gamble

天竺桂 *Cinnamomum japonicum* Sieb.

大叶楠 *Machilus ichangensis* Rehd. et Wils

紫楠 *Phoebe sheari* Gamble

竹叶楠 *Phoebe faberi* Chun

山楠 *Phoebe chinensis* Chun

天目木姜子 *Litsea auriculata* Chien et Cheng

黄丹木姜子 *Litsca clongta* Benth. et Hook. f.

豹皮樟 *Litsea coreana* Levl. var. *sinensis* Yang et P. H. Huang

黑壳楠 *Lindera megaphylla* Hemsl.

河南山胡椒 *Lindera henanensis* Tsui

(九)金缕梅科 Hamamelidaceae

枫香 *Liquidambar taiwaniana* Hance

山白树 *Sinowilsonia henryi* Hamsl.

(十)杜仲科 Eucommiaceae

杜仲 *Eucommia ulmoides* Oliv.

(十一)蔷薇科 Rosaceae

红果树 *Stranvaesia davidiana* Dcne.

椤木石楠 *Photintia davidsonae* Rehd.

河南海棠 *Malus honanensis* Rehd.

(十二)槭树科 Aceraceae

金钱槭 *Dipteronia sinensis* Oliv.

杈叶槭 *Acer robustum* Pax

飞蛾槭 *Acer oblongum* Wall

(十三)七叶树科 Hippocastanaceae

七叶树 *Aesculus chinensis* Bunge

天师栗 *Aesculus wilsonii* Rehd.

(十四)清风藤科 Sabiaceae

珂楠树 *Meliosma beaniana* Rehd. et Wils

暖木 *Meliosma veitchiorum* Hemsl.

(十五)**鼠李科** Rhamnaceae

铜钱树 *Paliurus hemsleyanus* Rehd.

(十六)**猕猴桃科** Actinidiaceae

河南猕猴桃 *Actinidia henanensis* C. F. Liang

(十七)**山茶科** Theacaea

紫茎 *Stewartia sinensis* Rehd. et Wils

陕西紫茎 *Stewartia shanxiensis* Chang

(十八)**冬青科** Aquifoliaceae

大果冬青 *Ilex macrocarpa* Oliv.

小叶冬青 *Ilex purpurea* Hassk.

(十九)**省沽油科** Staphyleaceae

银鹊树 *Tapiscia sinensis* Oliv.

(二十)**五加科** Araliaceae

刺楸 *Kalopanax septemlobus* Koidz.

(二十一)**杜鹃花科** Ericaceae

河南杜鹃 *Rhododendron micranthum* Thurcz.

太白杜鹃 *Rhododendron purdomii* Rehd. et Wils

灵宝杜鹃 *Rhododendron henanense* Fang ssp. *lingbaoense* Fang

(二十二)**野茉莉科** Styraceae

玉铃花 *Styrax obassia* Sieb et Zucc

郁香野茉莉 *Styrax odoratissima* Champ.

(二十三)**忍冬科** Caprifoliaceae

蝟实 *Kolkwitzia amabilis* Graebn.

国家珍贵树种名录

（中华人民共和国林业部 1992）

一级珍贵树种

南方红豆杉 *Taxus mairei*
秃杉 *Taiwania cryptomerioides*
珙桐 *Davidia involucrata*
香果树 *Emmenopterys henryi*
黄菠罗（黄檗） *Phellodendron amurense*

二级珍贵树种

秦岭冷杉 *Abies chensiensis*
麦吊云杉 *Picea brachytyta*
大果青扦 *Picea neoveitchii*
大别山五针松 *Pinus dabeshanensis*
刺楸 *Kalopanax sepgemlobus*
连香树 *Cercidiphyllum japonicum*
杜仲 *Eucommia ulmoides*
蒙古栎 *Quercus mongolia*
核桃楸 *Juglans mandshurica*
闽楠 *Phoebe bournei*
浙江楠 *Phoebe chekiangensis*
楠木 *Phoebe zhennan*
花榈木 *Ormasia henryi*
山槐（原生种） *Maackia amurensis*
红豆树 *Ormasia hosiei*
鹅掌楸 *Liriodendron chinensis*
厚朴 *Manglietia officinalis*
水青树 *Tetracentron sinensis*
红椿 *Toona ciliata*
水曲柳（原生种） *Fraxinus mandshurica*
榉树（原生种） *Zelkova schneiderana*